육아일기 90일의 기적

한 문장 일기 쓰기가 불러온 부모와 아이의 생생한 성장기록

육아일기 90일의 기적

리커푸 지음 | 김영화 옮김

글담출판

"아이의 인생은 부모에 따라
변화되거나 결정돼요"

아이는 부모의 보호와 사랑을 가장 필요로 합니다. 부모가 사랑과 관심을 충분히 쏟으며 적극적인 반응을 보이고 독려해 주면 아이는 정서적 안정과 자신감을 얻습니다. 이것은 앞으로 성장하는데 튼실한 기초가 되어 줍니다. 부모와 자녀, 특히 엄마와 아이 관계는 인격을 형성하는 데 가장 중요한 바탕이 되는데, 여기서 인격은 아이가 장래에 거둘 성과와 행복 지수를 결정짓습니다.

부모의 부주의한 한마디, 잠깐의 이별, 아주 작은 좌절도 아이의 여린 마음에 상처를 남깁니다. 그것이 설령 부모의 입장에서는 별것 아닌 일일지라도 말입니다. 어린 시절에 받은 부정적인 자극은 심리적 그늘을 만들어 내며 아이의 일생에 적지 않은 영향을 줍니다. 성장 후 나타나는 심리적 문제나 정신과적 증상은 많은 경우

유년기의 잘못된 양육과 관련이 있습니다. 이뿐만 아니라 창의력이 낮아지고, 정서조절 능력에 문제가 생겨 인간관계에 어려움을 겪을 수도 있습니다. 경우에 따라 행복감을 느끼지 못하게 될 수도 있죠.

그렇다면 어떻게 해야 스스로에 대한 믿음과 긍정적인 마음을 가진 아이로 키울 수 있을까요? 제1 반항기(3~4세)와 사춘기(10~14세)를 순조롭게 보낼 방법은 없을까요? 어떻게 아이와의 충돌을 피할 수 있을까요? 아이에게 부정적인 영향을 미치지 않을 방법은 무엇일까요? 어떻게 하면 다정하면서도 아이를 척척 이끌어 주는 엄마가 될 수 있을까요?

사실 이것은 영원히 풀 수 없는 부모들의 숙제입니다.

최근 자녀교육에 심리학적인 시선을 담은 책이 헤아릴 수 없을 만큼 많이 나오고 있습니다. 하지만 제가 이 책을 펴낸 계기와 목적은 그 책들과 시작부터 전혀 다릅니다.

임상 심리 전문가로서 상담을 하며 최근 몇 년간의 통계를 보니 환자의 2/3가량이 자녀 문제를 겪고 있었습니다. 낮은 성적, 인터넷 중독, 집중력 부족 등 원인은 다양했습니다. 하지만 모두 한결같이 똑같은 말을 했습니다. 바로 아이의 문제를 당장 해결할 수 있는 방법을 알려 달라는 것이었죠. 그러나 문제를 해결하기 위해서는 문제Question 배후에 오랫동안 존재한 문제Problem를 명확히 밝혀야 합니다. 문제 본질로 돌아가야만 본격적으로 치료에 나설 수 있기 때문이죠. 그러기 위해서는 우선 내담자의 하루를 돌아보고 일 년을 돌아봐야 합니다. 여러 가지를 테스트하고 비교해 본 결과 제가 찾아낸 가장 효과적인 방법은 내담자에게 일기를 쓰게 하는 것이었습니다. 일기를 통해 내담자와 함께 문제를 마주하고, 분명히 하며, 설명하고, 해결하는 것이죠.

일기 쓰기는 임상에서 직접 컨트롤이 가능한 획기적인 방법입니다. 매일 일기에 피드백을 준다면 상대방의 의지를 높일 수도 있고 적극적으로 소통도 할 수 있기 때문이죠. 어느새 제가 이 방법을 활용한 지도 10년이 넘었습니다. 횟수가 거듭될수록 그 어떤 방법보다 효과적이라는 사실이 입증되었습니다. 그래서 저는 아이를 키우는 일반적인 가정에서도 효과가 있을지를 알아보기 위해 프로젝트를 진행했습니다. '90일 육아일기 쓰기 프로젝트'였죠. 이 책에는 그 결과물이 오롯이 담겨 있습니다. 이 책이 부모들의 영원한 숙제를 해결해 줄 힌트가 되지 않을까 생각합니다.

프로젝트에는 서로 다른 일곱 가정이 참여했습니다. 그들은

90일 동안 매일 아이를 관찰하고 육아일기를 썼습니다. 저는 그 일기마다 심리학을 기반으로 한 어드바이스를 달아 주었습니다. 심리 전문가의 시각에서 엄마와 아이의 생각과 상황을 분석했죠. 프로젝트에 참여한 일곱 가정의 부모는 자신과의 약속을 지키기 위해 정말 꾸준히 노력했습니다. 아이와 함께한 하루를 매일 섬세하게 관찰하고, 기록했습니다. 그 덕분에 일기에는 육아를 하며 느낀 아이를 향한 사랑과 미안함, 고민, 힘듦이 생생하게 담겨 있었습니다.

프로젝트에 참여한 부모는 지원자들 중에서 서로 다른 환경을 가진 가정을 선정한 것입니다. 문제를 겪고 있거나 특수한 환경을 가진 부모가 아니라, 우리와 같은 평범한 부모들입니다. 그렇기에 다른 부모의 일기지만 공감을 불러일으킵니다.

90일이라는 짧은 시간이었지만, 프로젝트가 진행될수록 부모들은 모두 긍정적인 심리 전문가가 되어 갔습니다. 자연스럽게 아이를 대하는 방법이 달라졌고, 이는 아이를 변화시켰습니다. 부모의 작은 변화에도 아이는 눈에 띄게 달라졌습니다.

튼튼이(책에 나오는 아이의 이름은 부모의 요청으로 애칭을 사용했습니다.) 엄마는 아이가 난폭하게 행동하는 이유를 알게 되었습니다. 슈슈 부모는 서로 너무 다른 자신들의 육아관 때문에 아이가 힘들어

하고 있다는 것을 깨달았습니다. 방방이, 땡글이 남매의 엄마는 자신의 교육열이 아이에게 미치고 있는 장점과 단점을 정확하게 알게 되었죠. 대단히 감정적이고 차가운 다수 엄마는 일기를 쓰며 눈물을 쏟아내기도 했습니다. 자신이 아이에게 주고 있던 상처를 마주하게 되었기 때문입니다. 90일간의 수행은 부모들에게 성장의 기회를 선사했습니다. 스스로의 내면을 새롭게 들여다보는 한편 아이를 다시 한번 돌아보는 계기가 되었죠. 이는 기적과도 같은 결과로 이어졌습니다.

일곱 가정의 일기 중 일부만을 담았지만, 소개된 일기는 모두 원본 그대로 옮겨 왔습니다. 일기마다 함께하는 육아 코칭은 부모와 아이의 행동에 담긴 의미를 이해하는 데 도움이 될 것입니다.

아이의 성장은 일련의 과정으로, 나름의 흐름이 있습니다. 즉, '~법'을 다룬 자녀교육서에서 말하듯이 만능 육아법이란 있을 수 없다는 것입니다. 집집마다 육아 솔루션이 달라져야 하는 거죠. 육아일기 쓰기를 권하는 것도 이 때문입니다.

우리 집만의 솔루션을 발견할 수 있을 것입니다. 설령 일기 쓰기를 실천하지 않더라도 이 책에 담긴 부모들의 치열한 육아 일상은 독자로 하여금 사전에 비슷한 문제를 예방하는 힌트와 솔루션을 보여 줄 것입니다. 이 책이 많은 부모에게 도움이 되기를 바라는 간절히 바랍니다.

도 될까? | 새로운 놀이가 좋아! | 왜 자꾸 친구를 때릴까? | 엄마, 나 떼어 놓지마! | 거울 속 내 얼굴이 신기해! | 던지고 때리는 것도 놀이일까? | 자꾸 깨무는이유 | 육아가 왜 즐겁지만은 않을까? | 때리는 아이, 어떻게 가르쳐야 할까? | 전업 맘이 되고 싶었던 하루 | 때리며 좋아하는 아이의 심리는 뭘까? | 회사 동료에게 부끄러웠던 하루 | 모르고 있었던 청소기의 효용 | 규칙을 얼마나 가르쳐야 하는 걸까? | 3분만 좋아! | 어리광을 받아 주면 버릇없어질까?

3장 | 때려서라도 가르쳐야 한다는 아빠 vs. 오냐오냐 엄마
_슈슈 부모의 일기

엄마만 있으면 말을 안 듣는 아이 | 아빠한테 매를 맞다 | 전업 아빠는 너무 피곤해! | 아이를 너무 감싸기만 하는 아내 | 누구의 교육관이 맞는 걸까? | 좁혀지지 않는 육아관 차이 | 엄마한테 따지다 | 내가 엄마를 지켜 줄거야! | 나의 인내심이 늘어날수록 아이와 가까워지다 | 왜 때에 따라 훈육의 결과가 다를까? | 우리의 말투를 닮아가다 | 늘 "왜?"라고 묻는 아이 | 친구에게 화가 나서 주먹을 휘두르다 | 아이에게 소리치고 싶었던 날 | 여자아이 물건을 사줘도 되는 걸까? | 아빠랑 부쩍 더친해진 아이 | 우리 집의 세 가지 규칙 | 유치원에 들어가다 | 아이의 등원에 한없이 예민해지다 | 이마의 혹으로 시작된 불안 | 칭찬도 아껴야 하는 걸까? | 또래친구들에 비해 뒤처지는 걸까? | 아이가 다쳤다는 유치원의 전화를 받다

4장 | **둘째가 생겼어요! 불안해하는 첫째 아이**
_통통이 엄마의 일기

8장 | 하나뿐인 아이가 초등학교에 입학해요
_이판 엄마의 일기

1장

90일 동안 아이의 일상을 기록하는 것의 힘

교육학이 아닌
심리학으로 접근하는 육아

일부 독자들은 이 책에 구체적인 육아 지식이나 상세한 팁이 없다는 사실에 놀랄지도 모르겠습니다. 물론 이제껏 접했던 다른 육아서와는 많이 다른 게 사실이지만 이 책은 부모와 아이 모두를 근본적으로 바꾸어 줄 것입니다. 그것도 '육아일기 쓰기'라는 아주 간단한 방법으로 말이죠.

이 책에 등장하는 일곱 가정의 부모는 90일 동안 매일 일기를 썼습니다. 일기의 주제는 물론, 내용의 좋고 나쁨이나 옳고 그름은 중요하지 않았습니다. 또 한 줄이 되었든, 열 줄이 되었든, 일기의 분량도 중요하지 않았죠. 임상 심리 전문가와 함께 진행한 이 90일 육아일기 쓰기 프로젝트는 저를 비롯한 여러 전문가가 함께했습니다. 저는 의대 소아과를 졸업했지만 소아과 의사로 일한 적은 없습니다. 애초에 아동 심리 상담가로 일할 생각이 있던 것도 아니었습니다. 그래서 2003년에 정식으로 임상 심리 전문가로 일하기 시작했을 때만 해도 아이 문제로 찾아오는 부모와의 상담이 뜻대로 잘 이루어지지 않았습니다. 부모의 요구에 휩쓸려서 온통 아이 문제에만 집중했습니다. 무언가 교육학적으로 도움을 드려야 한다고만 생각했습니다. 하지만 심리학적인 시각에서 살펴보니 아이 문제 뒤에는 언제나 부모와 자녀 사이의 심각한 문제가 있더군요. 그래서 거기에 관심을 기울이기 시작했습니다.

상담을 하다 보면 부모 스스로 자신에게 문제가 있다고 생각하는 경우는 대단히 드뭅니다. 아이 문제의 뿌리는 아이에게 있고, 아이의 행동을 개선하면 문제가 해결되리라고 생각하죠. 그리고 그 구체적인 방법을 찾으러 상담실에 방문합니다.

임상 심리 전문가는 선생님이 아니므로 '이끌어 주고, 가르치고, 의문을 풀어 줄' 의무는 없습니다. 그리고 "어떻게 하면 좋을까요?"와 같은 '질문'에 직접적인 대답을 해주는 사람도 아니죠. 임상 심리 전문가는 그저 내담자의 곁에 서서 도와주며, 질문 뒤에 숨겨진 '문제'를 발견해 해결하도록 돕는 사람입니다. 더 나아가 내담자 스스로 성장할 수 있도록 돕죠. 그렇기에 내담자의 적극성을 이끌어 내기 위해 지지와 응원을 아끼지 않습니다. 또 성장을 방해하는 요소들을 극복할 수 있도록 깨달음을 주고 방향을 제시해 주고자 노력합니다.

이 과정에서 가장 놀라운 변화를 가져온 방법은 바로 문제의 본질로 돌아가는 것이었습니다. 아이는 부모(주양육자)를 떠나 홀로 살아갈 수 없는 존재입니다. 따라서 아이를 살피려면 부모의 모습을 봐야 하고, 아이의 성향을 파악하려면 부모의 성향도 확인해야 합니다. 부모는 아이의 성장 배경이자 바탕으로, 아이의 인생은 부모에 따라 변화하거나 결정됩니다. 결국 아이가 아닌 부모에 초점을 맞춰야 하는 겁니다. 아이 문제를 개선하거나 아이를 보다 긍정적으로 이끌고 싶다면 교육의 주체인 부모가 먼저 반드시 바뀌어야 하는 것이죠. 일기 쓰기는 이를 가장 효과적으로 도와주는 방법입니다.

일기 쓰기,
한 문장이라도 효과를 얻기에 충분합니다

저는 상담을 할 때 일기를 쓰게 합니다. 내담자를 객관적으로 관찰할 수 있어 가장 효과적이면서도 효율적인 도움을 줄 수 있기 때문입니다. 처음에는 날짜를 정해 일기를 쓰도록 하고 그것을 가져오게 했는데, 나중에는 이메일을 통해 매일 일기를 확인했고, 최근에는 문자나 메신저도 활용하고 있습니다. 상황에 따라 서로 편한 방법을 사용해 일기를 확인하고 상담하죠.

이 방법을 사용한 지 어느새 10년이 흘렀습니다. 지금은 '일기 쓰기 상담'으로 유명해져 많은 사람이 알고 찾아오지만, 처음에는 과연 일기 쓰는 것이 효과가 있을지 우려하는 목소리가 높았습니다. 하지만 대부분의 사람이 이 방법을 통해 자신도 몰랐던 문제의 원인을 발견하고, 조금씩 달라지는 자신의 모습을 확인하며 더욱 의지를 다지기도 하는 등 효과가 나타났습니다. 물론 사람마다 그 정도의 차이는 있었지만요. 저 역시 일기 쓰기를 통해 저의 노력이 내담자의 의지력을 높이고 양측이 정한 목표를 이루는 데 큰 도움을 줄 수 있다는 사실에 몹시 기뻤습니다. 그리고 훗날 일기 쓰기의 효과를 객관적으로 증명하기 위해 여러 차례 연구 프로젝트를 진행하기도 하였죠.

심리학 용어 중에 '피그말리온 효과'라는 말이 있습니다. 다른 사람에 대해 기대하거나 예측하는 바가 그대로 실현되는 경우를 일컫습니다. 이 용어는 그리스 신화에 나오는 피그말리온이라는 조각가의 이름에서 비롯되었습니다.

고대 그리스에 피그말리온이라는 한 조각가가 있었습니다. 그는 혼신의 힘을 다해 자신이 가장 이상적으로 생각하는 여인상을 조각했습니다. 그렇게 완성된 여인 조각상은 너무나 완벽했습니다. 피그말리온은 자신도 모르게 빠져들었죠. 마치 그 조각상이 살아 있는 여인인 듯 말을 걸기도 하고, 조각상에 옷을 입혀 주거나 목걸이, 꽃, 반지 등을 바쳤습니다. 피그말리온은 그녀를 너무나 간절히 원하게 되었습니다. 그의 이런 절절한 마음을 안 아프로디테 여신이 그 조각상에 생명을 불어넣어 주었습니다. 피그말리온 효과의 뜻처럼 그의 간절한 믿음과 바람이 이루어진 것이죠.

1966년, 미국 하버드 대학 심리학과 교수인 로버트 로젠탈과 그의 동료는 과학 실험을 통해 이 신화가 거짓이 아님을 증명했습니다. 그는 샌프란시스코의 한 초등학교 학생들을 대상으로 지능 지수를 검사하고, 그 결과에 상관없이 무작위로 20퍼센트의 학생을 뽑았습니다. 그는 그 명단을 교사들에게 주면서 이 아이들은 특별히 지능 지수가 높다고 전했습니다. 8개월 후, 그 학교를 다시 찾아 갔습니다. 명단에 있던 학생들은 놀랍게도 다른 학생들보다 평균 점수가 높았습니다. 교사들이 지능 검사 결과를 믿고 열심히 가르치자 학생들이 그 기대에 부응하기 위해 열심히 노력한 덕분이었습니다. 그리고 놀랍게도 다시 실시한 검사에서 20퍼센트에 뽑혔던 학생들은 실험 전 결과와 상관없이 다른 학생들보다 지능 지수가 높게 나왔습니다.

그의 연구는 긍정적 기대와 관심이 기적을 낳을 수 있으며 현재는 물론, 미래까지 바꿀 수 있다는 사실을 보여 줍니다. 이것이 바로 '로젠탈 효과'입니다. 피그말리온 효과라는 심리학 용어를 교육학에 대입한 용어죠. 결국 같은 뜻을 가진 다른 말이라고 할 수 있습니다.

하지만 우리는 이러한 실험 결과 자체보다 이를 실생활에서 경험하는 데 더 관심이 많습니다. 그런데 어떻게 해야 하는 걸까요? 그리고 얼마나 시간이 필요할까요? 대체 긍정적 기대란 정확히 무슨 의미일까요?

저는 이 긍정적인 기대와 관심을 끌어내는 방법으로, 일기 쓰기만큼 좋은 것이 없다고 생각합니다. 이론과 행동주의를 결합한 인지행동학을 따르는 저는 마음 건강을 지켜 주고 회복해 주는 이성의 힘을 믿습니다. 그리고 그 이성을 표현하는 방식 중 하나가 언어이며, 언어를 가장 고급스럽게 표현하는 방식은 글쓰기라고 생각했습니다.

저의 이런 생각을 뒷받침해 주듯 여러 연구에 의하면 일기처럼 자신의 행동을 스스로 기록하는 행위는 행동을 개선시키고 효율을 높이는 효과가 있다고 합니다. 단 한 문장을 쓰더라도 말이죠. 이때 자신이 한 행동의 빈도나 강도를 기록하면, 더 효과적이라는 결과도 있습니다. 일기 쓰기를 통해 변화가 일어나는 과정은 다음과 같습니다.

1. **자아 관찰** : 나의 행동을 자세히 살핍니다.
2. **자아 평가** : 관찰한 나의 행동을 내가 해야 하는 행동과 비교하며 그 행동 사이의 거리를 인식합니다. 자신에게 스스로 내리는 평가는 행동을 바꾸는 원동력이 됩니다.
3. **자아 강화** : 실제 내가 한 행동과 내가 해야 하는 행동 간의 거리를 좁힐 수 있다고 믿습니다. 만약 내 행동을 조금이라도 변화시켰다면 자아 강화 단계에 진입할 수 있습니다. 이는 변화된 행동을 계속 유지하며 개선하는 힘이 되어 줍니다.

즉 일기는 자신의 행동을 객관적으로 살피는 기회를 제공하고, 자신이 바라는 행동과의 거리감을 여실히 보여 줌으로써, 행동 변화의 의지를 심어 줍니다. 그만큼 실천했을 때 만족감이 높습니다. 매일 일기를 쓰다 보면 숨길 수도 없기에 행동 개선 효과가 높아집니다. 머리로만 생각한 막연하고 추상적이던 것들이 글로 표현되는 순간 뚜렷하게 보이게 되는 것이죠. 안 보이던 부분에 눈길이

머물면 그만큼 문제 파악이 쉬워지기 때문에 그 결과도 명료하게 드러납니다. 이때 옆에서 북돋아주고 도와주는 저 같은 사람이 있다면 그 효과는 더욱 커집니다. 이것이 바로 제가 일기 쓰기 방법을 극찬하고 상담에 활용하는 이유입니다.

왜 90일 동안
육아일기 쓰기 프로젝트를 진행했을까요?

행동주의 심리학(인간의 행동은 관찰 가능하며 예측과 통제를 통해 변화시킬 수 있다는 요지의 학파 - 옮긴이 주)에 따르면 한 가지 습관을 기르는 데 90일의 반복이 필요하다고 합니다. 습관이 만들어지는 과정은 보통 다음 3단계를 거칩니다.

- **1단계(1~7일)** : 최선을 다하는 행위가 부자연스러운 단계입니다. 끊임없는 채찍질을 통해 변화를 꾀해야 하는 시기로 부자연스럽고 불편하게 느껴집니다.
- **2단계(8~21일)** : 1단계에서 포기하지 않고 꾸준히 반복하면 2단계에 들어서게 됩니다. 이 단계의 특징은 최선을 다하는 게 자연스러워진다는 점입니다. 다시 말해 불편하던 게 편해진다는 뜻입니다. 하지만 한 번의 방심으로도 이전 상태로 돌아갈 수 있으니 계속해서 변화를 위해 애써야 합니다.

- **3단계(22~90일)** : 이 단계의 특징은 신경 쓰지 않아도 자연스럽게 행동하는 상태에 이르는 것입니다. 이미 습관이 형성된 것으로 '습관의 안정기'라고 부릅니다. 이 단계를 지나면 변화는 완성되었다고 할 수 있습니다. 습관이 이미 몸의 일부분으로 자리 잡아 자연스럽게 행동으로 나옵니다.

제가 육아일기 쓰기 프로젝트를 90일 동안 진행한 것도 이런 이유 때문입니다. 사실 90일 사이에 아이들이 완전히 달라진다고 장담할 수는 없습니다. 하지만 부모의 마인드와 행동이 변하고 아이를 보는 관점이 달라지면, 아이는 얼마든지 크게 변화할 수 있습니다. 일기에 적힌 아이들에 대한 묘사는 사실 부모의 내면을 그대로 보여 줍니다. 관점에 따라 보이는 게 달라지기 때문이죠.

물에 들어가야만 수영을 배울 수 있다는 상식을 모르는 사람은 없을 겁니다. 수영에 뜻은 있지만 하지 못하는 사람들을 살펴보면 신체적 능력이 모자라서가 아니라 한 번도 물에 제대로 들어가 본 적이 없거나 몇 번 첨벙거린 경험이 전부인 경우가 대부분입니다. 그들은 그래 놓고 입버릇처럼 "수영은 정말 배우기 힘들어요!"라는 원망 섞인 불만을 터트립니다. 이런 탄식과 불만이 바로 육아일기 쓰기 프로젝트를 시작한 계기가 되었습니다. 육아 역시 좀 더 잘하고 싶고, 조금 더 나아지기를 바란다면 그 한복판에 들어가야 하기 때문이죠.

이 프로젝트에 참여한 부모들의 사례가 여러분에게 용기를 심어 주면 좋겠습니다. 이 책은 물속에서 수영하는 법을 가르쳐 주지는 않습니다. 다만 물속에 뛰어들도록 이끌어 줍니다. 그리고 뛰어들었을 때 어떠한 이점들을 누릴 수 있는지 확인시켜 줄 것입니다. 프로젝트에 참여한 부모들은 스스로와의 약속을 지키고 아이를 위해 매일 일기를 썼습니다. 아이를 어떻게 키우고 사랑해야 하는지 알고 싶어 이 책을 읽고 있다면 그들의 90일 동안의 기록은 그 자체로 답이 되어 줄 것입니다. 특히 나와 닮은 듯한 사연의 일기는 많은 공감을 불러일으킬 것입니다. 무엇보다 그들의 일기마다 제가 해놓은 심리학을 기반으로 한 육아 어드바이스들이 때로는 위안이, 때로는 도움이 되어 줄 것입니다.

2장

폭력적인 성향의 아이,
내가 일해서일까요?

튼튼이 엄마의 일기

어디부터 제지하고
어디까지 허용해야 하는 걸까요?

태어나서부터 두 살까지 아기는 모든 감각을 통해 세상을 배워나갑니다. 손으로 만지고, 냄새 맡고, 맛보며, 학습하고 성장합니다. 그래서 스위스의 심리학자 피아제는 이 시기를 '감각 운동기'라고 명했습니다. 이 이름에 걸맞게 이 시기의 아기는 스스로 기고, 일어서고, 걸을 수 있게 됩니다. 물건에 손을 뻗쳐 만질 수도 있고, 소리를 통해 자신이 원하는 것을 요구할 수도 있습니다. 아기는 자신의 능력이 얼마나 놀라울까요? 자신을 둘러싼 온갖 물건들이 얼마나 신기할까요? 그만큼 아이의 행동은 상상을 초월하기 때문에 사건 사고가 끊이지 않습니다. 이때 부모는 어디까지 제지하고 허용해야 할지 궁금해집니다. 무엇이 문제 행동이고 무엇이 자연스러운 행동인지도 잘 모르겠습니다. 튼튼이 엄마 역시 마찬가지였습니다.

아이를 키울 때 지켜야 할 원칙이 있습니다. 아이는 아이답게 키워야 한다는 것이죠. 아이의 행동 자체에는 아무런 의미가 없습니다. 부모가 아이의 특정 행동을 어른의 세계에 존재하는 부정적인 단어와 연결 짓고 마음대로 해석하는 것뿐입니다. 아이의 행동에 긍정적인 의미를 부여해 주세요. 엄마가 빛을 품으면 문제 행동은 아무것도 없습니다.

90일간의 육아일기

아이 : 튼튼이, 만 한 살 남자아이
부모 : 워킹맘, 조부모 육아 중

DATE: 6 / 20 /

울면서 떼쓰는 아이, 어떻게 해야 할까?

퇴근 후 문을 열자마자 아이의 울음소리가 들렸다. 친정 엄마 말이 내 손에 들린 열쇠를 봤다는 것이다. 그제야 왜 울었는지 알 것 같았다. 튼튼이는 열쇠 구멍에 열쇠 넣는 걸 좋아한다. 처음에는 구멍에 나무 블록도 대보고, 붓 같은 것도 넣었다. 그러다가 열쇠로 문을 여는 장난감을 사준 뒤로는 요령을 터득해 더욱 열쇠를 좋아하게 됐다. 그러니까 내가 열쇠로 문을 여는 걸 보고 자기도 하고 싶은데, 안 시켜 주니까 단단히 뿔이 난 것이다.

나는 아이의 행동을 가급적 단정 짓지 않으려고 노력하는 편이다. 내가 "이 개구쟁이, 말썽꾸러기" "제멋대로 행동할 거야?" 이렇게 말하는 순간, 내 주관이 아이의 인식에 영향을 미칠지도 모른다는 생각에서다.

하지만 요새 걸핏하면 울어 대며 떼를 쓰는 아이가 감당이 되지 않는다. 내가 잘못하고 있는 걸까?

육아 코칭: 아이는 경험의 숫자만큼 성장한다

세상에 대한 호기심과 탐색 욕구는 아이의 천성이기 때문에 너무 말리지 않는 게 좋습니다. 아이는 경험의 숫자만큼 날로 성장할 것입니다. 문제는 부모가 아이에게 이런 기회를 주지 않는다는 것입니다. 아이가 탐색하는 것을 두고 '개구쟁이'나 '제멋대로'와 같은 부정적인 표현을 해서도 안 됩니다. 아이의 행동에 대한 어른의 주관적인 표현은 아이의 인식에 영향을 미치기 때문이죠.

DATE: 6 / 21 /

우리 아이는 파괴왕!

오후 6시, 쇼핑몰에서 돌아온 튼튼이는 배가 몹시 고팠던지 할머니가 쪄준 만두를 크게 베어 물었다. 그 표정이 참 재미있었다. 튼튼이는 밥을 잘 먹는 편이다. 하지만 식탁 의자에 매여 있는 걸 싫어하고, 금세 다른 데 정신이 팔려 자리에서 일어나 탐색하고 싶어 한다. 그래서 좋아하는 장난감을 가지고 주의를 끌어야만 한다.

전문가의 의견을 들어 보니 이맘때 아이들은 밥을 집어 먹는 걸 좋아하니 스스로 밥을 먹도록 가르쳐야 한다고 한다. 엄마로서 그동안 그렇게 하지 못한 것을 반성하지만, 혼자 밥을 먹게 하면 치우기가 너무 힘들어 꺼려진다.

밥 먹을 때만이 아니다. 정리된 물건만 보면 다 흩트려 놓는다. 나무 블록, 그림책, 장난감 등이 잘 정리되어 있을수록 더 신이 나서 어지럽힌다. 오늘 방문한 쇼핑몰의 진열대에는 냄비, 밀폐 용기, 물컵 같은 상품들이 있었다. 가지런히 열 지어 있는 물건들을 본 튼튼이는 내가 잠시 한눈판 사이에 진열대를 건드려 상품 몇 개를 떨어뜨리고 말았다. 그러고도 뭐가 좋은지 박수까지 치며 자축했다. 순간 너무 화가 났다.

육아 코칭: 파괴 행동은 성장의 증거

적잖은 부모가 귀찮고 힘들다는 이유로 아이에게서 성장의 기회를 빼앗고 있습니다. 사실 아이뿐만 아니라 어른들도 새로운 기술을 배우려면 시도를 해봐야 합니다. 더욱이 '파괴' 행동은 만 한 살가량의 아이들에게 나타나는 매우 정상적인 행동으로, 잘 성장하고 있다는 증거입니다. 아이는 자라면서 부모가 보기에 여러 문제 행동들을 보이게 됩니다. 그 행동들을 성장의 증표로 받아들이면 모든 것이 당연해집니다. 자연스럽게 걱정도 사라지며 질책도 하지 않게 되죠. 아이가 보이는 파괴(?)적인 행동은 곧 한 번의 탈피로, 나비가 되는 과정이라고 할 수 있습니다. 물론 아이마다 심하고 덜한 차이는 있겠지만요.

DATE: 6 / 22 /

양보 안 하는 아이, 이기적인 걸까?

오후 간식으로 사과와 배를 작게 잘라 스스로 쥐고 먹게 하니 대단히 좋아했다. 신이 난 튼튼이는 선심 쓰듯 손에 들린 과일을 나하고 남편에게 주었다. 남편은 가짜로 먹는 척을 한 뒤 다시 먹으라며 튼튼이의 입에 과일을 넣어 줬다. 나는 남편에게 아이가 주면 바로 먹어야 나눠 먹는 법을 배울 것 같다고 말했다. 튼튼이는 평소 남에게 나눠 주기를 싫어한다. 저녁에 소시지를 먹을 때도 나눠 주려고 하지 않았다. 내가 입을 "아~" 하고 벌리니 잠시 망설이다가 자기 입에 넣어 버렸다. 그 순간 "맛있는 건 나눠 먹어야 된다고 엄마가 전에 그랬지? 혼자 먹는 건 욕심쟁이라고." 하고 말해 버렸다. 어른이 아이한테 음식을 달라고 해도 되는 건지 모르겠지만, 외동이다 보니 이기적으로 자랄까 봐 걱정이 되어 자꾸만 달라고 하게 된다.

만 한 살 정도의 아이에게는 자의식이 없기 때문에 남과 자신을 구분하지 못합니다. 장난감과 먹을 것에도 당연히 '내 것, 네 것'이 없죠. 따라서 나눠 주기 싫어한다는 것은 아이가 크고 있다는 증거입니다. 자의식이 싹트면 반드시 거치는 단계이기도 합니다. 아이가 나눠 주려 하지 않을 때 이를 혼내거나 부정적인 말을 하는 것은 좋지 않습니다. 대신 엄마 한 번, 아이 한 번, 순번 놀이를 통해 나누는 연습을 하는 것이 더 도움됩니다.

DATE: 6 / 23 /

아기도 기분 안 좋은 날이 있을까?

저녁을 먹고 튼튼이와 산책에 나섰다. 걸음이 아직 서툰 튼튼이의 손을 잡고 함께 걸었다. 오늘따라 이상하게 조용해 계속 말을 걸었다. "이건 풀이야." "저기 강아지가 오네?" 한참을 이야기해도 튼튼이는 아무런 반응이 없었다. 그러다가 아파트 단지 입구에 이르러 큰 공 모형을 보더니 그제야 그것을 꼭 껴안고 웃는다. 매끄럽고 둥글둥글한 게 마음에 들었다 보다. 나도 얼른 튼튼이를 안아 주면서 다정하게 스킨십을 했다.

오늘따라 유독 기분이 안 좋았던 걸까? 13개월짜리 아기라면 매일매일이 즐거워야 하는 것 아닌가?

육아 코칭: 아이는 무엇이든 흔적이 남는 덜 마른 시멘트와 같다

13개월 된 아이에게 '어떤 게 정상적이다'라는 건 없습니다. 다만 최근에 엄마의 기분이 어땠는지 묻고 싶습니다. 혹시 엄마가 지쳐 있지는 않았나요?

이스라엘 아동심리학자인 하임 G. 기너트는 "아이들은 덜 마른 시멘트와 같다. 거기에 무엇이 떨어지든 확실한 흔적을 남긴다."고 말했습니다. 아기들은 주변에 보이는 얼굴 표정, 눈동자 크기, 움직임, 들리는 소리까지 모두 따라 합니다. 아기에게 어떠한 환경을 만들어 주느냐는 대단히 중요한 일이죠. 즉 부모를 통해 아기는 세상을 받아들입니다. 그만큼 부모의 감정은 아이에게 고스란히 물듭니다.

DATE: 6 / 25 /

위험한 행동, 그대로 둬도 될까?

저녁에 튼튼이가 침대에 기어오르려고 애를 썼다. 처음에는 위험해 보여 못하게 말렸다. 그러자 튼튼이가 온몸으로 짜증을 내서

하게 내버려 뒀다. 신이 나서 침대에 낑낑 매달리는 튼튼이를 보며 생각이 복잡해졌다. 아이가 좋아하니 하게 해야 하는 것인지, 다칠 수 있으니 막아야 하는 것인지. 드디어 침대 위에 올라가는 데 성공한 튼튼이는 익숙한 듯 물건 탐색에 나섰다. 잘 개어 놓은 폭신폭신한 이불에 얼굴을 파묻고 옹알거리기도 하고, 아빠 베개에 올라서서 푹신한 침대 헤드 위로 올라가려 애쓰기도 했다. 폭신폭신한 이불로 점프를 시도하다가 잘 안 되자 내 배 위로 착지해서 크게 웃었다.

📖 육아 코칭: **몸으로 하는 동작은 심리 발달을 돕는다**

   몸으로 하는 동작은 아이의 심리 발달을 돕습니다. 아이의 인식 체계와 동작은 밀접한 관계를 맺고 있기 때문입니다. 특히 기거나 독립적으로 보행할 수 있게 되면 아이는 좀 더 주도적으로 사물을 탐색하고자 하죠. 그만큼 주변 사람들과의 교류도 활발해지고, 의존적이고 피동적이던 관계가 적극적으로 변화합니다. 신체 능력 발달이 아이의 사회성 발달을 이끄는 것이죠. 이때 부모의 역할은 세상을 탐색할 기회를 주는 것입니다. 너무 심하게 아이의 행동을 제한하거나 대신해 주는 것은 좋지 않습니다.

새로운 놀이가 좋아!

아이와 그림을 그렸다. 관심을 끌기 위해 도화지에 아이의 얼굴을 그리면서 혼잣말을 했다. "이건 튼튼이의 큰 얼굴이야. 포동포동한 얼굴이 정말 귀엽네." "이건 튼튼이의 머리카락이야. 부드러운 머리카락이 서 있네." "이건 튼튼이의 큰 눈이지. 웃으면 안 보여." 귀를 쫑긋거리며 듣던 튼튼이가 내 옆으로 기어 왔다. 도화지 속 아이를 본 튼튼이가 신이 나서 내 손에 들린 크레파스를 확 낚아채 그림을 그리기 시작했다. 깔깔 웃기도 했다. 제 손으로 뭔가를 그려 낸다는 게 즐거운가 보다. 다음에는 튼튼이의 작은 손을 도화지에 대고 따라 그렸다. 자신의 손이 도화지에 나타난 걸 보고 튼튼이가 손을 들면서 좋아했다.

육아 코칭: 부모의 아이디어가 필요한 시기

아이의 흥미는 선천적 반사 반응 단계(출생부터 백일 전후), 닮은꼴 물체의 재인식, 지각 단계(6개월 전후), 새로운 사물 탐색 단계(12개월 전후)의 3단계로 발달합니다. 아이가 3단계에 들어서면 새로운 사물에는 민감한 반응을 보이지만 식상한 물건에는 관심을 덜 보입니다. 하지만 똑같은 도화지라도 그림 그리기 놀이처럼 새로운 체험을 유도하면 얼마든지 즐겁게 놀 수 있습니다.

DATE: 6 / 27 /

왜 자꾸 친구를 때릴까?

퇴근해서 튼튼이를 데리고 아파트 단지를 돌다가 친구를 만났다. 튼튼이가 옆으로 다가가 손바닥으로 친구의 머리를 내려쳤다. 내가 다급히 튼튼이의 손을 붙잡고 친구를 때리면 안 된다고 말하니 내 손을 뿌리치고 내뺐다. 지난번에는 이런 일도 있었다. 튼튼이가 친구의 세발자전거 손잡이에 걸려 있던 귀여운 사슴을 잡아당기고 비튼 것이다. 튼튼이가 이런 행동을 보인 지는 꽤 오래됐다. 도대체 왜 이러는 걸까?

육아 코칭: 사회화의 초기 단계, 섣부른 판단은 금물

아이가 타인과 교류하고 사회의 영향을 받아들이며 사회적 역할과 행위 규범을 배우는 것을 '사회화'라고 합니다. 이때 아이는 감각으로 주위 환경을 접합니다. 판단 능력과 신체 협응 능력이 아직 발달하지 않아 어른처럼 파악하기 힘들기 때문이죠. 이때 부모는 비판보다는 부드럽게 이끄는 방식으로 아이가 사회에 적응하도록 도와야 합니다.

엄마, 나 떼어 놓지 마!

드디어 주말이 다가왔다. 급한 용무가 있어 튼튼이를 하는 수 없이 친정집에 보냈다. 일을 보고 데리러 가니 튼튼이와 친정 엄마는 정원 입구의 나무 그늘에서 더위를 식히고 있었다. 무표정이던 튼튼이가 우리 둘을 보자 갑자기 기뻐하며 멀리서부터 안아 달라고 손을 뻗었다. 그런 튼튼이를 보고 친정 엄마가 "드디어 가족 상봉을 하네. 자고 일어나서 지금까지 한 번을 웃지 않더니만." 하고 말했다. 튼튼이는 쑥스러운지 몸을 돌려 내 어깨를 꽉 물었다. 절로 비명이 나올 정도로 아팠다.

튼튼이는 나한테 떨어지고 싶지 않을 때나 다시 안아 주었을 때 꼭 어깨를 꽉 깨문다. 무는 걸로 떼어 놓지 말라는 표현을 하는 것 같아 짠한 마음이 들곤 한다.

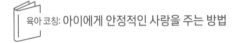
육아 코칭: 아이에게 안정적인 사랑을 주는 방법

심리학에서는 '애착'으로 튼튼이의 행동을 설명할 수 있습니다.

아이가 주 양육자(대개 부모)와 처음으로 맺는 사회적 관계를 뜻하는 말이죠. 부모와 정서적 교류를 하는 과정에서 형성되며 전체 심리 발달에서 결코 소홀히 할 수 없는 작용을 합니다. 참고로 안정적인 애착을 형성하는 육아의 기준은 다음과 같습니다. 이를 바탕으로 자신의 육아를 돌아보는 시간을 가져 보세요.

① 반응성: 아이가 보내는 신호의 의미를 정확하게 이해하고, 여기에 적극적으로 반응하고 피드백을 주는가.

② 정서성: 말, 웃음, 스킨십 등 적극적으로 감정적 교류를 하여 아이를 기쁘게 하는가.

③ 사회성 자극: 모방하기, 놀이, 그룹 활동 등 사회적인 활동을 경험시켜 아이의 활동성과 사회 활동에 대한 요구를 만족시키는가.

거울 속 내 얼굴이 신기해!

튼튼이는 거울에 비친 자신의 모습에 관심이 없는 것 같다. 매번 튼튼이를 안을 때마다 옷장에 있는 전신 거울을 보여 주곤 한다. 그러면 튼튼이는 거울 뒤편에 사람이 있나 없나 살필 뿐, 자신의 표정이나 얼굴에는 별 반응이 없다. 밤에 화장실에서 튼튼이를 안고 손을 씻겨 주는데 세면대 거울에 우리 둘의 모습이 비쳤다. 내가 거울을 통해 튼튼이의 눈을 보며 말했다. "튼튼이야, 엄마 봐

봐!" 그러자 무슨 신대륙이라도 발견한 것마냥 튼튼이는 거울 속의 나와 시선을 맞추고 기쁨의 소리를 질렀다. 그러더니 나를 한 번 보고 다시 거울을 들여다보았다. 내가 살짝 비켜서서 거울에 비치지 않게 하니 그게 또 신기했는지 "아!" 하는 소리를 내며 뒤돌아서 나를 봤다. 튼튼이는 매우 즐거워했다.

육아 코칭: 거울 속 자아 인식 테스트

한 심리학자가 아이의 코에 빨간 칠을 해놓고 거울을 보여 주는 실험을 했습니다. 그리고 아이가 손으로 코에 묻은 것을 지운다면 최소한 신체의 일부를 알고 있거나 거울 속의 자신을 의식한다는 가설을 세웠죠. 이를 '거울 테스트'라고 합니다. 일반적으로 대다수 아이는 18개월 정도, 늦으면 24개월 정도는 되어야 거울에 비친 모습이 자기라는 사실을 알게 되죠.

DATE: 7 / 3 /

던지고 때리는 것도 놀이일까?

오후에 튼튼이가 토끼 장난감을 책상으로 내던졌다. 나는 급히 토끼 얼굴을 어루만지며 말했다. "토끼가 떨어져서 많이 아프대.

울려고 하네. 얼른 미안하다고 뽀뽀해 줘!" 튼튼이는 토끼에게 뽀뽀를 해주고는 기어가 버렸다. 튼튼이가 평소 장난감을 잘 던져서 이런 방법으로 장난감도 아프니 소중히 다뤄야 한다고 알려 주고 있는데 잘 되지 않는다.

다른 곳으로 기어간 튼튼이는 또 다른 장난감을 찾아 괴롭히기 시작했다. 코를 만지면 앞으로 나아가며 노래를 부르는 장난감인데, 만질 때마다 다이내믹한 반응을 보이니 유독 심하게 가지고 논다. 앞으로 나아가는 장난감의 꼬리를 잡고서는 못 가게 막거나 높이 들어 올렸다가 땅으로 떨어뜨린다. 손에 든 블록으로 장난감을 치기도 한다. 이렇게 함부로 대하면 못 갖고 놀게 할 거라고 엄하게 말하기도 하고 장난감을 빼앗기도 하는데, 그때마다 행동이 더 심해지는 것 같다.

육아 코칭: 사고와 행동의 불일치가 불러오는 난폭성

뭐든지 입에 넣거나 손가락으로 구멍을 쑤시는 등의 행동은 이 시기 성장 과정에서 매우 자연스럽게 나타납니다. 던지는 행위 역시 마찬가지입니다. 돌 즈음의 아이는 신체 발육과 운동 협응 능력이 부족합니다. 물건을 던지는 것도 파괴적인 성향 때문이 아니라 사고와 행동이 불일치하기 때문일 수 있는 거죠. 혹은 아이의 시각에서 생각해 본다면 '장난감은 왜 나비처럼 날아가지 못할까?' 하고 궁금할지도 모릅니다. 그래서 일부러 장난감을 던지면서 떨어질 때의 상황을 관찰하는 거죠. 세상에 대한 아이의 관심은 어른의 상상을 초월합니다.

DATE: 7 / 8 /

자꾸 깨무는 이유

튼튼이의 깨무는 버릇이 계속되고 있다. 낯선 사람을 만나 긴장하면 내 어깨를 깨물고, 내가 친한 사람과 웃고 떠들어도 깨문다. 그럴 때면 엄하게 다그치기보다 손가락을 내밀어 깨물어 보게 한다. 그러면 튼튼이는 활짝 웃기도 하고 자기 손가락을 내 입에 넣기도 한다. 오후에는 내 다리에 기어올라 꽉 깨물었다. 아프다며 꽥 소리를 지르자 또 입을 벌리더니 이번에는 살짝 물었다. 신기하게도 벌써 힘 조절을 할 줄 안다. 내가 물린 곳을 가리키며 "튼튼이가 물어서 엄마 아프잖아. 호 해줘!" 하니 튼튼이가 입을 오므리고 호 하며 입김을 불었다. 그 모습이 어찌나 귀엽던지.

튼튼이가 엄마를 무는 이유를 한번 생각해 봤다. 뽀뽀하거나 놀아 줄 때 내가 장난으로 어깨나 허리를 물면 자지러지게 좋아한다. 튼튼이가 나를 깨무는 것도 놀이라고 생각하는 게 아닐까 싶다.

아기는 빨기처럼 몇 가지 반사 능력을 갖고 태어납니다. 그리고 성장하면서 모방과 학습을 통해 새로운 행동을 배우죠. 튼튼이의 '깨물기'는 학습을 통해 배운 것입니다. 엄마의 애정 표현을 모방해 엄마에 대한 사랑을 표현한 거죠. 유치가 날 때도 아이는 깨무는 행동을 합니다. 상대방이 아프다는 사실을 알지 못해 자연스럽게 나타나는 현상입니다. 하지만 만 3세 이후에도 깨무는 행동을 한다면 반드시 못하게 잡아 줘야 합니다. 이때 아이가 깨무는 이유는 부모의 관심을 끌고 싶거나 자신의 생각이나 감정을 표현하지 못하는 데서 오는 답답함이 원인일 수 있습니다. 꼭 이유를 파악하여 아이의 깨무는 습관을 없애 줘야 합니다.

DATE: 7 / 12 /

육아가 왜 즐겁지만은 않을까?

일할 때 외에는 최선을 다해 튼튼이를 돌보고 있지만 육아의 즐거움을 오롯이 느낄 만큼 다정한 시간을 보낼 때는 많지 않다. 그보다는 많은 책임감에 억눌려 있는 것 같다. 무엇을 먹이고, 어떤 장난감을 제공해야 할지 늘 초조하고 쫓기는 기분이다.

책임감을 느끼지 않는 부모는 없겠죠. 하지만 책임감에만 사로 잡혀 있다면 그것이 억압과 고통으로 변할 수 있습니다. 이는 부모의 정서에 여러 문제를 일으켜 부부 관계나 아이와의 관계를 어그러트립니다.

왜 많은 부모가 육아의 즐거움을 온전히 느끼지 못할까요? 아이가 자랄수록 '~해야 한다'는 기대와 '~해줘야 한다'는 책임이 늘어나기 때문입니다. 아이가 할 수 있는 일이 늘어날수록, 발달이 눈에 띌수록, 이는 점점 더 거세지죠. 기대와 책임이 강해지면서 아이의 변화는 당연시되고 부모에게는 부담감만 남습니다. 그러다 보니 부모와 아이 간의 긍정적인 상호 작용과 즐거움이 사라집니다. 아이에 대한 과도한 기대나 책임감을 접고 다정한 시간을 보내 보세요. 육아의 즐거움을 느낄 수 있을 겁니다.

DATE: 7 / 15 /

때리는 아이, 어떻게 가르쳐야 할까?

오후에 집에 돌아오니 튼튼이가 아파트 놀이터에서 친구의 자전거를 가지고 놀고 있었다. 돌아가는 페달, 안장과 전조등, 바퀴는 모두 튼튼이가 좋아하는 것들이다. 이때 10개월쯤 된 여자아이가 와서 자전거에 앉아 놀고 있는 튼튼이를 쳐다보았다. 그러자 튼튼이가 일어나 그 아이의 머리를 내리쳤다. 내가 재빨리 튼튼이의 손을 잡고 혼을 냈다. "안 돼! 동생한테 잘 해줘야지. 때리면 안 돼!" 그렇게 단단히 이르자 이내 여자아이에게 뽀뽀를 했다. 도대체 이 아이를 어떻게 가르쳐야 하는 걸까?

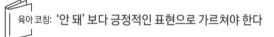

육아코칭: '안 돼' 보다 긍정적인 표현으로 가르쳐야 한다

아이에게 무언가를 가르칠 때는 요령이 필요합니다. 특히 말을 주의해서 사용해야 하죠. 아이는 '금지'된 행동에 호기심을 보이고 틈만 나면 금기시된 것에 접근할 기회를 엿봅니다. 그러니 "동생한테 잘 해줘야지. 때리면 안 돼."라는 말 대신 이렇게 바꿔 보세요. "동생은 예뻐해 줘야 해."라고 하면서 동생의 머리를 쓰다듬는 모습을 보여 주는 거죠.

DATE: 7 / 28 /

전업 맘이 되고 싶었던 하루

오늘은 온전히 튼튼이와 단 둘이 있었다. 튼튼이는 엄마인 나와 같이 있을 때 더 말을 잘 듣는 것 같다. 오후에 아파트 놀이터에서 놀 때도 말썽 부리지 않고 얌전히 잘 놀았다. 물론 처음에는 친구 손에 들린 장난감을 빼앗으려고 했지만 말이다. 튼튼이는 경비 아저씨와 인사를 나누고 오래도록 길에 앉아 기어가는 개미를 열심히 관찰했다. 풀, 나뭇잎, 작은 돌도 마음껏 만져 보며 놀이에 열중했다.

이 모습을 보면서 튼튼이가 매일 너무도 많은 제한과 금지 속에서 생활하고 있음을 깨달았다. 그래서 친구의 장난감을 빼앗고 사람을 때리는 게 아닐까. 실제로 자유롭게 실컷 놀고 난 뒤에는 뺏거나 때리거나 던지는 행동을 하지 않았다. 이런 생각이 드니 내가 전업 맘이었더라면, 튼튼이가 좀 더 나은 모습이었을까 하는 생각이 들어 속상해졌다.

육아 코칭: **전업 맘, 워킹 맘보다 중요한 조건**

엄마는 아이가 크는 데 중요한 역할을 합니다. 이건 아무리 강조해도 지나치지 않죠. 물론 가장 이상적인 엄마는 심리적으로 건강한 엄마입니다. 구체적으로 말 하면 정서가 안정되어 있고 인생 경험이 풍부한 사람이죠. 정서가 안정되어 있다는 건 아이에게 너그럽고 온화하여 그만큼 성장할 수 있는 환경을 만들어 준다는 의미입니다. 또 인생 경험이 풍부하다는 건 융통성을 지녀 아이의 성장을 지나치게 기대하거나 억압하지 않는다는 뜻입니다. 이 두 가지 조건만 충족된다면 전업 맘이냐, 워킹 맘이냐는 그리 중요하지 않습니다.

자유를 너무 제한하면 아이는 구속과 억압을 느낍니다. 이렇게 쌓인 감정은 이따금씩 충동적인 행동으로 폭발하게 됩니다. 아이에게 뺏고, 때리고, 던지기는 일종의 탈출구로써 구속에서 벗어나는 쾌감을 선사합니다. 문제는 이 행동을 반복하다 보면 습관이 되어 버린다는 거죠.

DATE: 7 / 31 /

때리며 좋아하는 아이의 심리는 뭘까?

튼튼이는 누가 화난 얼굴을 해도 낄낄거리고 심지어는 자기가 맞을 것 같으면 먼저 때리고 순진무구한 얼굴로 웃는다. 도대체 이 아이가 무슨 생각을 하고 있는지 궁금하다.

밤에 튼튼이와 누워서 아기 곰이 산책을 가는 내용의 책을 읽어 주었다. 그런데 튼튼이는 집중하지 않고 창문 커튼에 달린 작은 구슬을 당기며 놀더니 갑자기 내 머리채를 확 잡아당겼다. 아파서 비명이 다 나왔다. 내가 장난으로 그러는 줄 알았는지 튼튼이가 좋아하면서 놓았던 머리채를 다시 낚아챘다. 순간 너무 화가 나서 튼튼이의 손을 쳐내고 말았다. 그러자 아이는 무슨 일이냐는 표정으로 내 얼굴을 쳤다.

아들아, 엄마의 인내심을 시험하는 거니?

아이가 천진난만한 시기에 보이는 '이리저리 날뛰기', '머리채 잡아당기기', '얼굴 때리기' 같은 행동에 사회적인 평가를 내려서는 안 됩니다. 이런 행동을 하는 데는 특별한 목적이 없습니다. 폭력적인 행동인지라 물론 걱정되긴 하겠지만, 아이가 세상을 느끼는 과정이자 수단이라고 생각하면 됩니다. 아마도 머리채를 잡았을 때 엄마가 보인 반응이 행동을 부추긴 것 같습니다. 엄마가 아프다고 소리를 질렀을 때 아이는 아주 신기했을 겁니다. 조명 스위치를 누르면 불이 꺼지고 또 누르면 밝아지는 것처럼 머리채를 잡아당겼을 때 엄마가 보인 반응이 신기했던 거죠. 그러니 아이의 행동을 막으려면 벌을 주는 것보다 무시하는 게 더 효과적입니다.

DATE: 8 / 5 /

회사 동료에게 부끄러웠던 하루 ✎

근처 시장으로 밤 나들이를 갔다. 그곳에서 직장 동료의 가족과 만났다. 그 집은 네 살짜리 아들 하나를 두었는데, 기운이 넘치고 개구진 아이였다. 또래 아이를 만난 기쁨에 다른 곳에서 놀고 있던 튼튼이를 데려와 인사를 시켰다. 이런 내 마음과 달리 튼튼이는 뾰로통한 표정으로 동료 아들의 옷을 잡아당기려고 했다. 못하게 막으며 안으려고 했더니 이번엔 동료의 얼굴을 할퀴려고 했다. 정말 얼굴이 너무 화끈거렸다. 폭력적인 아이의 행동도 그렇지만 엄마로서 애 하나 통제하지 못한다는 생각에 너무 부끄러웠다.

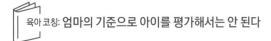

육아 코칭: **엄마의 기준으로 아이를 평가해서는 안 된다**

통제가 안 되는 것은 아이를 엄마 뜻대로만 하려고 하기 때문입니다. 아이의 의지와 상관없이 억지로 데려와서 안거나 어른들에게 인사를 시키는 것처럼 말이죠. 이제 만으로 한 살짜리 애가 어떻게 예의범절을 이해할까요?

DATE: 8 / 11 /

모르고 있었던 청소기의 효용

튼튼이에게 저녁을 먹이는데 남편이 만든 국수 맛이 별로인지 결국 전부 뱉어 버렸다. 바닥이고 옷이고 전부 면 건더기로 범벅이 됐다. 현장은 너무나도 처참했다. 튼튼이를 씻기고 침대에 눕힌 후 바닥을 닦았다. 남편이 청소기를 꺼내니 침대에서 나오고 싶어 발버둥을 치던 아이가 갑자기 조용히 앉아서 윙윙 돌아가는 청소기를 가만히 바라보기만 했다. 바닥 청소를 마친 남편이 청소기를 텔레비전 옆에 두고 튼튼이를 침대에서 내려 줬다. 그런데 어찌된 일인지 멀찌감치 떨어져서 꿈쩍도 안 한다. 청소기를 가리키며 "웅웅" 거리기에 안아서 청소기 근처에 데려가니 얼른 내뺀다. 아하, 청소기를 무서워하는구나. 나중에 아이가 가면 안 되는 곳을 가려 할 때 청소기를 써야겠다.

육아 코칭: 공포심을 활용하는 것은 최악의 훈육법

누구나 크면서 무언가에 놀란 경험이 있을 겁니다. 심리학 연구에 의하면, 부모의 목적을 위해 아이에게 겁을 주면 정서적 안정에 악영향을 끼칠 수 있다고 합니다. 아이가 겁내는 물건을 이용하면 잠시 동안은 위험에서 떼어 놓거나 말썽을 못 피우게 할 수는 있겠지만, 정서적 불안이라는 그보다 더 큰 대가를 치러야 하는 거죠.

DATE: 8 / 23 /

규칙을 얼마나 가르쳐야 하는 걸까? ✎

친정 엄마와 영상 통화를 했다. 그 와중에 밥을 먹고 있던 튼튼이가 가만히 앉아 있지 못해 계속 붙잡아 오거나 놀잇감으로 유혹해야 했다. 그러느라 영상 통화에 신경을 쓰지 못하는 사이, 친정 엄마가 다른 사람과 이야기 나누는 소리가 들렸다.

"아기가 진짜 밥을 잘 먹네. 얼굴이 많이 여물었네요. 그런데 한 시도 가만히 있질 못하네. 밥 먹을 때도 뭘 손에 들고 있고, 뛰어다니기도 하네."

"나중에 내 앞에서도 이렇게 뛰어다니면 아주 혼꾸멍내야겠어요. 어째 이렇게 애가 규칙도 못 지키고 엉망일까."

오늘 내내 친정 엄마의 말을 생각해 봤다. 지금 튼튼이가 많이 뒤처지는 걸까? 규칙을 잘 지키는 애들은 어떤 애들일까? 이 나이대에는 어떤 규칙을 가르쳐야 할까? 말만 잘 들으면 좋은 아이일까? 그동안 잘 키워야 한다는 압박에 나도 모르게 아이의 행동을 제한하고 억압해 왔다는 것을 일기를 쓰며 깨달았다. 그래서 앞으로는 그러지 말아야겠다고 생각했는데, 이런 말을 들으면 머릿속이 복잡해진다.

육아 코칭: 건강한 고민을 방해하는 부정적인 감정

생각 없이 던진 누군가의 한마디가 부모에게는 많은 생각을 가져오기도 합니다. 이것이 때때로 의미 있는 고민으로 이어지기도 하지만, 이에 동반되는 정서적인 문제들은 끊어 낼 필요가 있습니다. 괜히 타인의 말에 휩쓸려 부정적인 정서 상태에서 아이를 대하는 건 좋지 않습니다. 마음을 가라앉히고 담담하게 바라보세요. 그렇지 않으면 가벼운 말에도 휘둘리게 됩니다.

DATE: 9 / 6 /

3분만 좋아!

오후에 튼튼이를 데리고 쇼핑몰 2층의 장난감 코너에 가서 놀았다. 튼튼이는 동전을 넣으면 흔들흔들 움직이는 자동차에 관심을 보였다. 하나하나 다 타보고 싶어 했다. 예전 같으면 하나만 타게 했겠지만, 아이를 너무 억압만 한 듯해서 하고 싶은 대로 마음껏 해보게 했다. 그러자 미키마우스 자동차부터 비행기, 마차, 기차까지 이리저리 핸들을 돌려 보고 만져 보며 신나게 놀았다. 특히 미끄러지는 목마에 흠뻑 빠졌는데, 장난감을 가지고 노는 게 아이의 본능이라지만 신기하게도 목마에 앉자마자 손잡이를 꽉 잡고 발을 굴러서 앞으로 나아갔다. 하지만 이것도 3분이 지나자 금방 관심이 식었다. 요새 튼튼이는 뭐든 금방 싫증을 낸다. 이것도 내 탓인가 싶어 고민이 된다.

육아 코칭: 급성장기의 전형적인 모습

튼튼이는 지금 딱 급성장기에 해당됩니다. 새로운 걸 좋아하고 익숙한 것에 싫증 내며 3분만 지나면 관심이 식는 것은 이 단계의 전형적인 특징이죠. 아이 눈에는 모든 물건이 장난감으로 보입니다. 그래서 현명한 부모들은 시중에서 판매하는 장난감에 눈을 돌리지 않습니다. 온 세상을 아이의 장난감으로 만들어 마음껏 놀게 해주세요. 그러면 아이는 어느덧 이 세상을 무대로 상상력을 펼칠 것입니다.

많은 부모가 머릿속에 '고정된 틀'을 가지고 있습니다. 육아서에 나온 발달 과정이나 내가 바라는 이상적인 모습대로 아이가 성장할 거라 기대하죠. 결과는 대개 생각대로 되지 않습니다. 이는 의대 졸업생이 실습을 하면서 '환자 상태가 왜 교과서에 나온 거랑 다르지?'라고 생각하는 것과 같습니다.

세 살까지는 아이의 생리나 심리적 발달이 가장 빠른 시기이므로 아이를 고정된 틀에 맞추려고 해서는 안 됩니다. 오늘의 아이가 어제와 똑같을 거라고 생각해서도 안 되죠. 급성장기에는 부모가 맞춰 나가야 합니다.

DATE: 9 / 19 /

어리광을 받아 주면 버릇없어질까?

튼튼이는 갓난아이 때부터 잘 울지 않았다. 그런데 최근에 변화가 생겼다. 어리광이 생긴 것이다.

오후에는 밖에 나갔다. 자전거를 탄 튼튼이가 몸을 이리저리 비트는 바람에 자전거가 넘어가려는 걸 다행히도 겨우 붙잡았다. 놀랐는지 울음이 터진 튼튼이를 안고 토닥여 주었다. 엄살도 심하지, 아무것도 아닌 걸 가지고서……. 튼튼이의 기분은 금방 가라앉았고 우연히 아빠와 마주쳤다. 튼튼이는 고자질을 하듯 아빠의 품으로 뛰어들어 눈물과 콧물을 다시 짜냈다. 그 모습을 본 단지의 어르신들이 웃었다.

튼튼이는 정말 많이 컸다. 자기 기분도 있고 나름의 표현 방식도 생겼으니 말이다. 앞으로도 아이를 온전히 받아 줘서 정서적으로 안정감을 느끼며 성장하도록 해야겠다.

📖 육아 코칭: 스스로 이겨 내는 힘을 길러 주는 부모의 대응법

아이가 넘어지면 어떤 반응을 보이나요? 급히 뛰어가 불안함과 공포 어린 시선으로 아이가 다친 데는 없는지 계속 살피나요? 탁자를 때리며 "때찌, 때찌. 네가 우리 아기 아프게 했지?"라고 말하며 다른 물건 탓을 하나요? 아니면 아이가 스스로 일어날 수 있도록 침착하게 응원해 주나요? 엄마의 대응 방식은 아이가 또 넘어졌을 때는 물론, 이다음에 어려움에 처했을 때 그것에 대처하는 방식을 좌우합니다.

"아이에 행동에는
모두 이유가 있었어요."

    짧은 시간이지만 육아일기를 쓰면서 저의 육아 방식을 돌아볼 수 있었습니다. 저는 제가 그렇게 감정적이고 억압적인 엄마인지 그동안 몰랐습니다. 그저 어디로 튈지 모르는 아이의 행동에 늘 막막했습니다. 잘 놀다가도 갑자기 난폭하게 돌변하는 아이를 보면서 어떻게 하면 좋은 습관을 심어 주고 나쁜 버릇을 고칠 수 있을지 조급해했죠. 그게 아이를 대하는 저의 행동에 고스란히 드러나고 있음을 일기를 쓰면서 알게 됐습니다.

    선생님의 조언을 듣고 아이와 있었던 하루를 돌아보면서 저의 불안감과 초조함이 아이를 보는 시각에 근본적인 영향을 끼치고 있으며 이것이 아이의 발육에도 잠재적인 영향을 미친다는 사실을 깨달았습니다. 이를 깨달았을 때 한동안 죄책감에 마음이 너무 아팠습니다. 하지만 지금부터라도 조금씩 고쳐 나가면 된다고, 이제라도 깨달은 것이 어디냐고 스스로를 위안했습니다. 그러고는 아이의 행동에는 모두 이유가 있음을 명심하며 그 이유가 나는 아닌지 늘 되돌아봐야겠다고 결심했습니다.

무엇보다 그동안 쓴 육아일기를 돌아보니 저도 모르게 가슴이 찡해졌습니다. 언제나 일에 쫓겨 아이를 이렇게 자세히 들여다본 적이 없었다는 생각에 울컥해지더라고요. 비록 오랜 시간 함께해 주진 못했지만 늘 사랑으로 대했다는 걸 알아 줬으면 좋겠습니다.

끝으로 사랑스러운 내 아이에게 이런 말을 전하고 싶습니다.

"튼튼아, 매일 아침 웃는 얼굴로 잠에서 깨어나는 너를 볼 때마다 엄마는 감사하단다. 네가 있어서 내 인생은 더욱 완벽해졌어. 그리고 모든 일을 더 열심히 하고 매일 발전하려고 애쓰며 이해득실에 집착하지 않고 기꺼이 원하는 삶을 살게 되었단다. 너를 건강하고 행복하게 키우고 싶기 때문이야."

"좋은 엄마란
아이를 아이답게 키우는 엄마예요."

객관적으로 보면 튼튼이는 만 한 살짜리 어린아이입니다. 또래 아이들처럼 장난을 좋아하고 열쇠 구멍 같은 구멍을 좋아합니다. 늘 온몸으로 세상을 탐구하죠. 보는 것마다 입에 넣고 만지고 싶어 합니다. 배가 부르고 재미만 있다면 대체로 튼튼이의 기분은 좋습니다. 이때는 말도 잘 듣고 데리고 다니기도 좋죠. 하지만 튼튼이도 긴장되고 불안할 때가 있고 나쁜 짓을 할 때도 있습니다. 심지어 친구를 괴롭히거나 난폭하게 굴기도 합니다. 이럴 때는 사람을 속상하게 하고 골치 아프게 하는 말썽쟁이입니다.

이때마다 엄마는 자책하겠지만, 그 누구도 튼튼이 엄마에게 자격 미달이라고 엄마로서 부족하다고 말할 수는 없을 것입니다. 생각해 보면 우리 문화는 육아에 있어 지나치게 부모의 고생과 의무를 강조하는 면이 있습니다. 90일 동안 꾸준히 육아일기를 썼다는 사실만으로도 얼마나 아이를 세심히 관찰하고 있는지, 잘 키우려고 노력하고 있는지 알 수 있습니다. 무엇보다 심리학에서는 90일간 무언가를 꾸준히 하기 위해서는 정서적 안정이 제일 중요하다고 여깁니다. 그러니 일기를 끝까지 쓴 튼튼이 엄마는 자신의 걱정과 달리 정서적으로 안정되어 있다고 할 수 있습니다. 정서가 안정되었다는 말이 화를 내지 않고 싸우지 않는다는 뜻은 아닙니다. 자신의 감정을 다른 사람에게 잘 표현한다는 의미죠. 심리적으로 문제를 안고 있는 사람은 표현에 일관성이 없습니다. 어떨 때는 열의에 넘쳤다가 어떨 때는 시들합니다. 또 한없이 다정했다가 어느 순간 돌변하기도 하죠. 주변 사람들조차 도통 그 사람을 예측할 수 없습니다.

튼튼이 엄마처럼 초보 엄마들에게 꼭 해주고 싶은 이야기가 있습니다. 좋은 엄마란 아이를 아이답게 키우는 엄마라는 걸 말이죠. 아이는 생각과 추론이 아닌 직접 경험으로 세상을 알아갑니다. 아이의 머릿속에는 '꼭 ~해야 한다'라는 개념이 없습니다. 오히려 어른이 제지하거나 금지하는 것은 더 하고 싶어 하죠. 사실 아이의 행동에는 해서는 안 되는 것도, 비정상적인 것도 없습니다. 이는 어른인 우리가 만들어 낸 기준입니다.

10여 년간 상담을 통해 수없이 많은 엄마와 아이들을 만나 오며 '좋은 엄마'는 '여자로서 엄마'로 살지 '엄마로서 여자'로 사는 게 아니라는 사실을 알게 되었습니다. 여자로서 엄마로 사는 사람들은 스스로를 '사람'으로 생각하기 때문에 아이도 하나의 '사람'으로 여깁니다. 그들은 엄마와 아이라는 관계의 틀에 얽매이지 않습니다. 그러다 보니 오히려 아이와의 관계가 부드럽고 유연하죠. 아이를 어떻게 키워야 한다는 부담과 압박을 내려놓으세요.

3장

때려서라도
가르쳐야 한다는 아빠
vs. 오냐오냐 엄마

슈슈 부모의 일기

좋은 아빠는
어떤 아빠일까요?

"물론 아빠 없이도 훌륭하게 자랄 수 있습니다. 하지만 아빠가 노력한 만큼 아이의 교육적인 성공 기회가 더 커지는 것은 확실합니다."

미국 캘리포니아 대학 신경정신과 의사인 루안 브리젠딘 교수가 한 말입니다. 아빠의 육아 참여율이 점점 높아지고 있지만, 여전히 육아는 엄마 몫인 경우가 많습니다. 그런데 무수히 많은 연구 결과가, 아빠가 아이에게 미치는 긍정적인 영향력에 대해 강조합니다. 국제뇌교육협회가 발행하는 잡지에 발표된 한 연구에 따르면 아빠가 자녀를 사랑할수록 아이의 뇌 발달이 더욱 향상된다고 합니다. 또한 영국의 뉴캐슬 대학에서 영국인 남녀 1만 1,000여 명을 대상으로 조사한 결과, 어린 시절 아빠와 독서, 여행 등 즐거운 시간을 많이 보낸 아이의 경우 그렇지 않은 아이보다 지능 지수가 높고 사회적인 신분 상승 능력이 더 큰 것으로 나타났습니다.

그렇다면 '좋은 아빠 역할은 무엇일까?'라는 의문이 듭니다. 늘 다정하고 오냐오냐 하는 엄마를 대신해 엄격하게 교육하는 아빠? 아니면 아이와 친구처럼 지내는 다정다감한 아빠? 전자의 아빠는 아이의 능력과 부족한 점을 파악해 아이가 자신의 한계를 뛰어넘도록 만들어 줄 수 있습니다. 하지만 의존적이며 아빠를 두려워하는 아이로 성장시킬 수도 있죠. 반면에 후자의 아빠는 아이와 깊은 유대 관계를 맺으며 아이의 상상력을 키워 줄 수 있습니다. 하지만 자율성을 주다 보니 일관성이 부족하고 아빠의 배려를 악용할 수도 있습니다.

이번 프로젝트 참여 가족은 아이를 위해 아빠가 자신의 일을 포기한 사례였습니다. 그는 아이를 잘 키울 수 있을지 불안해하고 정서적으로 힘든 모습이었습니다. 아이에게 닥칠지 모를 모든 불안 요소를 없애고 싶어 했습니다. 그래서 부모의 권위를 강조하며 권위적이고 엄격하게 아이를 대하는 타이거 대디를 자처했죠. 상대적으로 엄마는 늘 아이를 한없이 받아 주는 모습을 보여 부부 간에 충돌도 잦았습니다.

이 가족은 부부가 같이 일기를 썼습니다. 육아에 대한 서로 다른 생각과 입장 차이를 엿볼 수 있어 더욱 공감이 됩니다.

90일간의 육아일기

아이 : 슈슈, 만 세 살 남자아이
부모 : 워킹맘, 전업 아빠

DATE: 6 / 20 /

아빠 일기: 엄마만 있으면 말을 안 듣는 아이

　오늘 슈슈와 함께 엄마 직장에서 열린 공개 회의에 참석했다. 진지한 회의에 처음 참여한 것 치고는 태도가 아주 좋았다. 10여 분이 지나, 회의에 지장을 줄까 봐 내가 슈슈를 데리고 회의장을 빠져나가자 슈슈가 엄마와 함께 있겠다며 악을 쓰며 울었다. 슈슈는 엄마에 대한 의존성이 너무 강하고 제멋대로다. 초콜릿과 사탕으로 관심을 끌려고 했지만 도무지 통제를 할 수 없었다. 하는 수 없이 건물 밖까지 데리고 나갔다. 그랬더니 금방 눈물을 그치며 다른 것에 관심을 돌렸다. 엄마한테 가까이 있을수록 의존성이 강해지는 것이다. 슈슈는 엄마만 있으면 기본적으로 내 말을 듣지 않는다. 그건 아내가 교육 원칙을 제대로 세우지 않아서 그렇다. 나와 아내는 육아 스타일이 아주 다르다. 이 차이를 극복하는 것은 아주

66

골치 아픈 숙제다.

아이는 부모 중 어느 한 쪽과 감정적 유대 관계가 부족할수록, 나머지 한 쪽의 부모에게 의존하는 경향을 보입니다.

DATE: 6 / 21 /

엄마 일기: 아빠한테 매를 맞다

나나라는 여동생이 집에 놀러 왔다. 슈슈는 만화 주인공처럼 플라스틱 톱으로 텔레비전 받침대를 썰었다. 아빠가 말리는데도 듣지 않아서 엉덩이를 가볍게 한 대 맞았다. 그런데도 슈슈는 톱질을 멈추지 않았고, 아빠는 침실로 슈슈를 데려가 엉덩이를 흠씬 두들겼다. 대성통곡을 하면서 엄마를 찾는 슈슈를 아빠가 손가락으로 가리키며 "또 할 거야, 안 할 거야?" 하고 물었다. 그러자 슈슈는 오히려 삿대질과 함께 사납게 "아아악" 소리치며 굴복하지 않았다. 아빠는 다시 슈슈를 침실로 데려가서 팡팡 매를 때렸다. 그때 내가 따라 들어가서 아이에게 왜 때리는지 이유를 설명해야 한다고 했다. 혼나고 난 후 슈슈는 잠시 얌전히 노는가 싶더니 이내 기차 장난감을 두고 나나와 실랑이를 벌였다. 나나가 억지로 빼앗으려 하자 슈슈는 나나의 손을 비틀었다. 혹시라도 나나가 다칠까 봐 걱정이 된 아빠가 장난감을 빼앗아 둘 다 가지고 놀지 못하게 했다. 그러자 슈슈는 심하게 울었고 내가 안아서 달래야 했다. 밤에 씻길 때 보니 슈슈의 엉덩이에 빨간 손자국이 나 있었다.

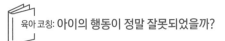
육아 코칭: 아이의 행동이 정말 잘못되었을까?

서너 살이면 '제1의 반항기'가 시작됩니다. 이때는 말 안 듣기, 잘못 인정 안 하기, 말대꾸하기 등의 행동이 나타나는데, 이는 지극히 정상적인 행동입니다. '비정상적인 행동'은 부모가 감정을 다스리지 못해 화를 내면서 가르치고, 혼내고, 때리며, 컴컴한 방에 가두는 것이죠. 이런 경우는 보통 아이가 고집을 꺾고 잘못을 인정하거나 너무 울어서 기진맥진했을 때, 혹은 아이를 혼내다 부모가 지쳤을 때, 그것도 아니면 부모가 감정을 모두 쏟아내 이성을 되찾았을 때에야 상황이 일단락됩니다.

사실 아이를 키우는 집이라면 정도의 차이만 있을 뿐 흔히 볼 수 있는 모습이기도 합니다. 이때 부모는 벌을 주는 행위가 아이 교육을 위해서인지, 분풀이인지를 생각해 볼 필요가 있습니다. 물론 대부분의 부모는 전자라고 생각하겠지만 분노 해소가 이유인 경우가 더 많습니다. 마음을 가라앉히고 스스로를 돌아보면 답은 분명해집니다. 교육이나 훈육은 부모와 아이 모두 차분할 때 하세요. 감정적으로 침착한 상태에서 이루어지는 교육만이 진정한 교육이라고 할 수 있습니다.

그런데 슈슈의 행동은 정말 잘못된 것일까요? 이건 꼭 다시 한 번 생각해 봐야 할 중요한 문제입니다. 누구에게나 감정을 다스리는 것은 매우 어려운 일입니다. 특히 양육자는 하루 종일 철없는 아이를 상대하며 잡다하고 복잡하면서도 성취감은 도통 느끼기 힘든 일을 매일같이 반복해야 합니다. 회사는 퇴근이라도 있지만 육아는 이마저도 없으니 정서적으로 메마르게 되죠. 아마도 슈슈 아빠는 자신의 일을 포기한 데서 오는 마음속 응어리와 속상함도 있지 않을까 싶습니다. 물론 입 밖으로 내지는 않았지만요.

부모가 아이를 사랑하는 건 틀림없는 사실입니다. 하지만 아이가 생기면 부모의 생활은 엉망이 되고 정신적으로 피폐해져 때때로 뭔가 말할 수 없을 정도로 답답함을 느끼게 됩니다. 인정하기 싫지만 말이죠.

세 살이면 아이는 슬슬 '먼 여정'이 시작되는 시기이며 부모는 부부 사이에 포커스를 맞출 때입니다. 너무 아이에게만 얽매이지 말고 다시 배우자에게 시선을 돌려 보세요. 부부 사이가 좋아지고, 정서도 회복될 거예요. 그러면 자연스럽게 아이 역시 더욱 행복해질 것입니다.

아빠 일기: 전업 아빠는 너무 피곤해!

오랜 시간 아이를 혼자 돌보는 건 꽤나 피곤한 일이다. 결국 텔레비전을 보여 주고 한숨 돌렸다. 좀 쉬고 나니 아이에게 공부를 못 시킨 것 같아 걱정이 되었다.

육아 코칭: 육아에도 적당한 거리감이 필요한 이유

사회 심리학 연구에 의하면 사람이 만나는 빈도수와 호감의 관계는 U자 곡선을 그린다고 합니다. 너무 멀지도 않고 가깝지도 않은 적당한 거리가 좋은 관계로 이어진다는 것입니다. 부모와 자녀 사이도 마찬가지입니다. 전업인 엄마나 아빠의 어려움이 바로 여기에 있습니다. 너무 붙어 있다 보니 관계가 오히려 나빠질 수 있는 것이죠.

아빠 일기: 아이를 너무 감싸기만 하는 아내

오후에 온 가족이 비행기를 타기 위해 공항으로 갔다. 비행기에

타기 전에 아이에게 사줄 만한 장난감이 있는지 살펴봤다. 슈슈는 비행기 모형을 갖고 싶어 했는데 온라인에서 파는 것보다 4배나 비싸 사주지 않으려고 했다. 그러나 아이가 이렇게 좋아하는데 하나만 사주자는 아내의 말에 어쩔 수 없이 사고 말았다. 애한테 너무 끌려 다니는 듯해서 마음이 좋지 않아 슈슈의 태도 점수는 빵점이고, 엄마는 마이너스라고 말했다. 하지만 아내는 슈슈에게 오늘 착하게 행동했다며 백 점을 주었다. 부모의 교육 방식이 이렇게 다를 수가 있다니! 나는 너무 엄하고, 아내는 너무 방목하며 싸고돈다.

육아 코칭: **부모의 의견이 다를 때 아이는 혼란을 느낀다**

부모의 태도나 행동의 일관성은 자녀교육에 중요한 영향을 미치죠. 부모의 사이가 나쁘고 의견이 다르면 아이는 옳고 그름에 대한 일관된 기준을 가질 수 없습니다. 똑같은 행동을 두고 엄마와 아빠가 다른 평가를 내려서는 안 되는 거죠. 부모의 감정은 아이보다는 배우자를 향할 때가 많습니다. 그러다 보니 부부 간의 불만이 아이를 대하는 방식에도 드러납니다.

아빠 일기: 누구의 교육관이 맞는 걸까?

난생처음 호텔에 묵은 슈슈는 신기해하며 즐거워했다. 호텔이 뭐하는 곳이냐는 슈슈의 물음에 나는 우리가 잠시 동안 머무르는 집이라고 대답했다. 갑자기 배탈이 나서 열이 나는 아내를 대신해 슈슈와 장을 보러 다녀왔다. 슈슈는 나랑 있을 때는 말을 잘 듣는다. 하지만 엄마만 있으면 자기 마음대로 하려고 하며 통제가 안 된다. 아내는 권위가 없고 육아 원칙을 세우지 않아 늘 아이에게 휘둘린다. 이렇게 부모의 교육 방식에 차이가 나는 건 좋지 않을 거라 생각한다. 더욱이 야근이 잦은 아내 대신 육아가 오롯이 내 차지라서 늘 힘들고 마음이 초조하다. 퇴근한 아내는 피곤에 절어 슈슈를 돌볼 여력이 없다. 그러면 나는 지칠 대로 지쳐서 슈슈를 혼내고, 그 일로 슈슈 엄마와 싸우게 된다. 하지만 일기를 쓰다 보니 내가 아이에게 무서운 아빠임을 알게 되었다. 그래서 요즘은 의식적으로 감정을 많이 자제하려고 노력하는 중이다. 그렇게 하니 슈슈도 아빠를 부쩍 더 따르게 된 느낌이다.

밤에 아내와 교육관 차이에 대해 이야기를 나누었다. 둘 다 한 발씩 물러나 엄격했던 부분은 누그러뜨리고, 느슨했던 부분은 조금 엄격해지기로 했다. 정말 여행은 사람의 감정을 회복하는 좋은 계기가 되는 것 같다.

교육관에는 좋고 나쁨이 없습니다. 그보다는 아이의 감정이나 반응에 맞춰 교육관을 조정하는 것이 키포인트죠. 그래도 부모의 생각이 일치하는 것은 중요합니다. 일기에서처럼 부부 간의 감정을 회복하는 것은 교육관을 일치시키는 데 긍정적인 영향을 줍니다.

DATE: 6 / 28 /

아빠 일기: 좁혀지지 않는 육아관 차이

즐거운 여행을 마치고 집으로 돌아가는 날이다. 비행기가 이륙할 때 슈슈는 자리에 무릎을 꿇고 앉아 계속 탁자를 폈다 접었다 하며 장난을 쳤다. 위험하다고 엄마가 타일렀지만 전혀 통하지 않았다. 그래서 내가 손등으로 이마를 때렸다. 슈슈가 엉엉 울자 앞자리에 탄 승객이 뒤를 돌아보았다. 나는 체벌을 가하면 슈슈가 금방 얌전히 자리에 앉을 거라고 생각했지만 아내는 살짝 때리는 것도 가정 폭력이라며 내 행동을 지적했다. 울컥해진 나는 좀 세게 나갔다. "그럼 가서 온순한 사람을 찾아보던가." 결국 냉전이 시작되었고 우리는 서로를 무시했다.

연구에 따르면 상대방이 잘한 행동에 대해 칭찬할 경우 그 행동이 유지되고 심지어 더 잘하게 될 확률이 거의 100퍼센트라고 합니다. 그런데 이와 반대로 나쁜 행동을 질책할 경우 개선될 가능성은 거의 없다고 합니다. 부부 간에도 긍정적인 말을 주고받아야 합니다. 상대의 잘못만을 탓하면 상황이 개선될 가능성이 거의 없습니다.

DATE: 6 / 29 /

엄마 일기: 엄마한테 따지다

오랫동안 비워 두었던 집에 왔다! 슈슈도 좋은지 집 안을 뛰어다니며 아끼던 노란 이불을 껴안고 장난감 상자도 열어 보았다. 그동안 쌓인 먼지를 닦고 있는데, 슈슈가 도와준다며 모아 놓은 먼지들을 다 흩트려 놓았다. 아무리 말려도 고집을 피웠다. 점점 할 일이 더 늘어나니 화가 나서 슈슈의 다리를 꽉 잡았다. 그러자 슈슈가 소리를 지르며 "엄마가 잘못했어! 이렇게 하면 안 되지! 아기 다쳐!" 그래서 내가 대꾸했다. "엄마가 다리를 잡은 건 잘못했어. 그런데 너 때문에 청소한 게 무의미해졌잖아. 엄마 일만 늘어나고. 슈슈가 엄마를 힘들게 했지?" 슈슈는 지지 않았다. "그럼 앞으로 안 그럴게. 그런데 엄마가 잘못했어. 이렇게 하면 안 되지. 그러면 아기 다쳐." 하는 수 없이 "그래, 알았어. 다시는 다리 안 잡을게." 하고 사과를 했다.

듣고 있던 남편이 웃으면서 왜 자신한테는 이런 말을 하지 않냐며 신기해했다. 38개월짜리 슈슈는 어느덧 자기 주장을 내세울 줄도 알게 되었다.

 육아 코칭: '나'에 대한 개념이 생기다

슈슈의 행동은 반항기의 전형적인 모습입니다. 만 3세가 되면 아이에게 '나'에 대한 개념이 생기기 시작합니다. 자연스럽게 자신의 뜻을 이뤄 스스로의 가치를 증명하고 칭찬 받고 싶은 욕구가 강해집니다. 그러다 보니 부모의 뜻을 거스르거나 반항하는 모습을 보이게 됩니다. 그래서 이 시기를 반항기라고 부릅니다. 사실 아이의 발달에 부모가 미처 적응하지 못한 상태를 뜻하기도 합니다. 인지나 언어, 행동 면에서 눈에 띄게 성장한 아이를 부모가 이전과 같은 방식으로 대할 때 문제가 생기는 거죠.

엄마 일기: 내가 엄마를 지켜 줄 거야!

슈슈와 놀이터에 나갔다. 놀이터에는 이미 남자아이 둘이 도둑 잡기 놀이를 하고 있었다. 모두 슈슈보다 큰 아이들이었다. 둘은 도둑이 남긴 단서를 분석한다며 이리저리 뛰어다녔는데 슈슈도 좋아하며 형들을 쫓아 뛰어 다녔다. 그런데 도둑 잡기 놀이를 하던 형들이 슈슈에게 자기네 옆에서 놀지 말라는 것이다. 내가 경찰이면 동생을 보호해야지 왜 못 놀게 하냐고 타이르니 그중 한 명이 나를 향해 총 쏘는 시늉을 하며 "나쁜 놈!"이라고 했다. 그래서 나는 그 아이에게 "아줌마는 나쁜 사람 아니야. 도둑은 벌써 도망갔으니까 얼른 가서 잡아."라고 했다. 그때 슈슈가 내 앞을 막아서며 "엄마는 나쁜 사람 아니야. 내가 엄마 지켜줄 거야!"라고 했다. 어머머! 우리 슈슈가 벌써 씩씩한 남자가 돼서 엄마를 보호해 주려고 하다니!

📖 육아 코칭: 이 시기 아이에게 최고의 놀이는 '역할 놀이'

이 시기의 아이는 만족감을 얻고 싶어 합니다. 그만큼 부모의 역할이 중요한데요, 가장 좋은 방법은 놀이입니다. 역할 놀이를 통해서 사회 활동에 대한 아이의 욕구를 충족시키고 스스로의 가치를 실현할 수 있게 도와주는 것이 좋습니다.

DATE: 7 / 8 /

아빠 일기: 나의 인내심이 늘어날수록 아이와 가까워지다 ✎

　최근 며칠 하늘이 더없이 높고 푸르러서 촬영하기 딱 좋은 조건이었다. 그래서 아내한테 일찍 퇴근해서 집으로 와달라고 했다. 촬영 갔다가 밤 9시쯤 돌아오니 슈슈가 달려와 품에 안긴다. 목을 감싸며 "아빠, 보고 싶었어!"라고 말하는 슈슈 덕분에 기분이 몹시 좋았다. "왜 아빠가 보고 싶었어?" 하고 물으니 슈슈가 "왜냐하면 아빠를 사랑하니까. 그래서 아빠가 보고 싶었어."라고 답하는 것이다. 기분이 좋아져 슈슈를 안고 아내와 함께 아이스크림을 사먹으러 다녀왔다. 예전 같으면 엄마가 집에 있을 때는 나를 본 척도 하지 않았을 텐데, 요즘에는 내게 부쩍 애착이 늘었는지 엄마가 있어도 내게 놀아 달라고 조른다. 그때마다 인내심을 가지고 슈슈의 요구에 다정하게 응하며 오랫동안 놀아 주려고 노력한다.

📖 육아 코칭: 애착은 성장을 좌우하는 결정적인 감정

　애착은 사람이 태어나서 최초로 느끼는 감정이자 성장에 절대적인 영향을 미치는 감정입니다. 독립심과 자율성 발달의 기반이기도 하죠. 아이의 사회성이 부모에게 달렸다는 것도 이 때문입니다.

DATE: 7 / 10 /

엄마 일기: 왜 때에 따라 훈육의 결과가 다를까?

밤늦게 집에 돌아온 나는 들어오자마자 왜 아침에 만들어 둔 카스텔라를 슈슈한테 안 먹였냐며 짜증을 냈다. 그러고 보니까 남편이 설거지도 안 해둔 게 아닌가. 제때 안 해놓는다며 투덜거리니까 짜증이 확 났는지 남편이 소리를 질렀다. 순간 잘못했다는 생각이 들어 풀어 보려 했지만 남편은 저녁도 안 먹고 저녁 산책도 거부한 채 화가 난 표시를 했다.

할 수 없이 혼자 슈슈를 데리고 나가 나나 자매와 놀았다. 어떤 잘 모르는 누나가 같이 놀고 싶어 했는데 슈슈가 싫어했다. 누나가 같이 놀자고 계속 설득했지만 슈슈는 전혀 말을 듣지 않았고, 결국 서러워진 그 아이는 울면서 엄마를 찾아갔다.

집에 돌아와서 계속 남편한테 사과를 했다. 그제야 좀 누그러진다. 옆에서 슈슈가 맛있게 아이스크림을 먹기에 그 틈을 타서 훈육을 시작했다. "나중에 같이 놀고 싶어 하는 친구가 있으면 같이 놀자. 오늘 너희가 안 놀아 줘서 그 누나가 울었잖아. 다 같이 놀면 더 재밌어." 그러자 슈슈가 갑자기 흔쾌히 알겠다고 답했다. 이 변덕은 뭐지?

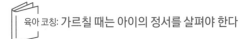

육아 코칭: 가르칠 때는 아이의 정서를 살펴야 한다

아이에게 무언가를 제안하거나 가르칠 때는 먼저 아이의 정서를 살펴야 합니다. 부모 사이는 아이의 정서에 큰 영향을 미칩니다. 특히 부모가 싸울 때 아이는 자신이 잘못한 건 아닌지 걱정하기도 하고, 부모가 자신을 떠날까 봐 두려워합니다. 부모의 제안(가르침)을 받아들일 수 없는 상태죠.

또 부모가 싸우는 모습을 자주 본 아이는 폭력적으로 변합니다. 엄마, 아빠처럼 싸우는 방식으로 문제를 해결하려 하기 때문입니다. 자존감이 떨어지고 주의력과 집중력이 저하되기도 하죠. 당연히 학업 능력이 떨어질 수밖에 없습니다.

DATE: 7 / 16 /

엄마 일기: 우리의 말투를 닮아가다

슈슈는 아빠랑 놀고 싶어 하면서도 잘 때는 나를 찾으면서 운다. 어쩔 수 없이 남편과 역할을 바꾸는 수밖에 없었다. 슈슈는 눈물을 훔치며 나를 탓했다. "야심한 밤에 잠도 안 자고 뭐하는 거야?" 이 말을 듣는 순간 왠지 익숙한 느낌이 들어 생각해 보니, 평소 우리 부부가 자주 하는 말이었다. 요즘 들어 아이 입에서 우리가 하는 말이 툭 튀어나올 때가 참 많다.

육아 코칭: 아이는 부모의 인격도 닮아간다

아이는 어른의 말을 모방할 뿐만 아니라 인격 면에서도 부모를 따라갑니다. 우리는 종종 아이에게 누굴 닮았다는 말을 하는데 자세히 관찰해 보면 아이가 닮는 것은 대개 부모가 바라지 않는 부분이죠. 그러니 어떤 교육을 하느냐보다 부모가 어떤 사람인지가 더 중요합니다. 결국 자녀를 교육한다는 것은 부모가 스스로를 교육한다는 말과 같은 뜻인지도 모르겠습니다.

DATE: 7 / 17 /

아빠 일기: 늘 "왜?"라고 묻는 아이

슈슈는 세상에 대한 호기심으로 가득하고 하나를 알려 주면 금방 하나를 깨닫는다. 쉽게 배우기도 하지만 금세 잊어버리기도 해서 반복적으로 알려 줘야 한다. 교통 표지판은 이제 모르는 게 없다. 차 종류도 소방차, 경찰차, 비행기 등 제법 많이 익혔다. 외계인,

동물에도 관심이 많아 매일 "왜?"라는 말을 달고 산다. 장난감을 가지고 놀 때도 집중력이 대단하며 좋아하는 책을 스스로 골라 보기도 한다. 어떻게 하면 입시 위주의 교육 환경에서 이러한 아이의 재능과 능력을 죽이지 않고 적성을 살릴 수 있을까? 이건 우리 부부가 풀어 나가야 할 숙제가 아닐까 싶다.

📖 육아 코칭: 아이의 '왜'에 대답하는 법

질문이 늘었다는 것은 아이의 호기심이 강해지고 논리적으로 말할 수 있게 되었다는 뜻입니다. 처음에는 아이의 질문이 신기해 성실히 답변해 주지만, 하루 종일 질문 공세를 받다 보면 짜증이 납니다. 또 "밤은 왜 깜깜해?" "왜 밤에 자야 해? 낮에 자면 안 돼?" 처럼 어떻게 대답해 줘야 할지 알 수 없는 질문도 많습니다.

아이가 "왜?"라고 물을 때 빨리 답을 알려 줄 필요는 없습니다. 그리고 꼭 정확한 답변을 해줘야 하는 것도 아닙니다. "밤이 깜깜한 이유는 태양이 눈을 감아서야."처럼 아이의 눈높이에 맞춰 설명해도 충분합니다. 때때로 아이에게 생각해 보도록 유도하는 것도 좋습니다. 답은 그리 중요하지 않습니다. 주목해야 하는 것은 아이가 스스로 생각하는 과정이죠.

아이들의 질문은 정말 엉뚱하고 쓸데없어 보이기까지 합니다. 그렇다고 아이를 혼내거나 무관심한 태도를 보이면 아이의 호기심은 자라나지 못합니다. 너무 귀찮고 힘들어도, 비록 답을 바로 해주지 못할지라도 관심을 기울여 주세요. 그만큼 아이의 사고력이 자랍니다.

DATE: 7 / 18 /

아빠 일기: 친구에게 화가 나서 주먹을 휘두르다 ✎

저녁에 슈슈는 밖에서 코인 라이더를 탔다. 친구인 나나가 뺏어 타려고 하자 손을 올려 나나를 때렸다. 울음이 터진 나나를 안아서 달래 주었다. 슈슈에게 사과하고 휴지로 눈물을 닦아 주라고 하자 또 소리를 꽥 질렀다. 그걸 못하게 막으니 주먹으로 날 때렸다. 사태는 점점 악화되었다. 사람들 앞에서는 아이를 꾸짖거나 때리지 않겠다고 결심한 터라 얼른 슈슈를 집으로 데리고 왔다. 밖에서 못 놀게 하는 것으로 벌을 대신했다.

육아 코칭: 감정을 표현하는 방법을 모를 때 아이는 난폭해진다

작은 불만이나 분노에도 폭력적으로 행동한다면, 아이가 감정 표현 방법을 모르는 것은 아닌지 먼저 살펴봐야 합니다. 이와 함께 부모 역시 자신들의 감정 표현 방식을 되돌아봐야 하죠.

또 아이의 잘못된 행동을 지적하고 혼낼 때는 구체적이어야 합니다. 대충 뭉뚱그리다 보면 아이의 인격 자체를 부정할 수 있기 때문입니다. 이는 곧 아이에게 나쁜 아이라는 평가를 내리는 것과 같습니다. 잘못된 행동을 콕 집어서 알려 줘야 합니다. 행동은 얼마든지 개선시킬 수 있으니까요. 칭찬할 때도 마찬가지입니다. 구체적으로 칭찬해 주는 것이 좋습니다.

DATE: 7 / 25 /

엄마 일기: 아이에게 소리치고 싶었던 날

자기 전에 물을 가지러 가는 찰나의 순간에 침대 헤드를 살피던 슈슈가 큰맘 먹고 산 안경을 부러뜨렸다. 순간적으로 너무 화가 났지만 가까스로 감정을 다스리며 슈슈에게 물었다. "슈슈아, 왜 엄마 안경 부러뜨렸어? 엄마가 눈이 잘 안 보여서 엄청 비싼 돈 주고 산 거야. 엄마가 적어도 보름을 일해야 벌 수 있는 돈이야. 그런데 네가 부러뜨려서 다시 맞추러 가야 해. 그럼 엄마는 보름을 더 일해야 하고 그만큼 너랑 같이 못 있게 되잖아. 그래도 좋아?" 얌전히 내 이야기를 듣던 슈슈가 이렇게 대꾸했다. "아빠가 고쳐 줄 거야!" 한숨이 나왔지만, 내 부정적인 감정과 생각이 아이에게 그대로 표출될까 봐 자리를 떠나 화를 다스렸다.

아이를 키우다 보면 화가 치밀어 오를 때가 많습니다. 이때 아이를 혼내다 보면 감정이 증폭되어 심한 말을 하거나 체벌을 하게 됩니다. 본래의 목적인 훈육은 제대로 하지 못하고 부정적인 감정만 아이에게 남겨 주게 되죠. 힘들어도 연습을 통해 순간적인 감정을 참도록 노력해야 합니다. 숫자를 세며 화를 가라앉히거나 그 자리를 떠나 잠시 혼자 있는 것도 좋습니다. 그 방법이 무엇이든 부정적인 감정에서 벗어나야 합니다. 자신의 감정을 잘 다스리기 위해서는 무엇보다 평소에 자신을 잘 보듬어 줘야 합니다. 육아에 지쳤다면 잠깐이라도 아이에게서 벗어나 자신이 좋아하는 취미를 즐기며 마음을 재충전하는 시간이 필요합니다.

DATE: 7 / 28 /

엄마 일기: 여자아이 물건을 사줘도 되는 걸까?

밖에서 노는데 슈슈가 장난감을 파는 노점상에 가서 어제부터 갖고 싶었던 남색 리본 핀을 사달라고 했다. "리본은 여자애들이 하는 거야. 슈슈는 남자잖아. 남자가 리본하면 별로야. 우리 토끼 귀 살까?" 토끼 귀에는 관심이 없는지 슈슈는 리본 핀을 집더니 자리를 뜨려고 했다. 그래서 슈슈를 말리려고 "우리 아직 돈 안 냈어.

가져가면 안 돼."라고 했다. 노점상 주인의 추천에 결국 슈슈는 리본 핀을 내려놓고 하트 모양 마술봉을 골랐다.

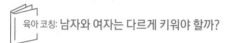

육아 코칭: 남자와 여자는 다르게 키워야 할까?

남자와 여자의 차이에 대해 아무 생각이 없던 아이들은 '사회화' 과정을 겪으며 천천히 성의 개념을 알아 갑니다. 그때부터는 남자와 여자 편을 나누고 남자 물건, 여자 물건에 집착합니다. 그런데 점차 이러한 젠더의 고정관념에 따라 아이가 평가받거나 역할이나 생각에 한계를 지니게 되는 것을 우려하는 목소리가 높아지고 있습니다. 미국 켄터키 대학 발달심리학자 크리스티나 스피어스 브라운이 100만 명 이상의 표본을 대상으로 젠더가 아이들의 삶에 미치는 영향을 20여 년간 연구한 결과에 따르면, 선천적인 젠더 차이는 거의 없다고 합니다. 우리가 그저 젠더로 범주를 나누면서 젠더에 대한 강한 고정관념이 생긴 것뿐이죠.

젠더 교육에 대한 의식과 중요성은 앞으로 점점 더 강조될 것입니다. 올바르고 평등한 젠더 의식에 대해 부모도 공부할 필요가 있습니다.

엄마 일기: 아빠랑 부쩍 더 친해진 아이

남편은 요즘 슈슈랑 대화할 때 최대한 다정한 태도를 유지하려고 노력한다. 그동안 자신의 행동이 심했다고 느끼는 모양이다. 기쁘게도 슈슈는 갈수록 아빠랑 가까워지고 명랑해지고 있다.

저녁에 슈슈가 아빠더러 앉으라고 하더니 막대기를 교편 삼아 벽에 걸린 그림을 짚었다. 슈슈가 채소를 짚으면 아빠는 이름을 말해야 했다. 아빠가 "슈슈 선생님, 질문 있어요." 하자 선생님이 된 슈슈가 "물어보세요." 하고 대꾸했다. 그림에 적힌 글자를 가리키며 "선생님, 이거 무슨 글자예요?" 하고 물으니 수업 준비가 덜 된 것 같은 선생님은 "우리 다른 이야기 할까요!" 한다.

슈슈는 이렇게 저녁 내내 선생님 놀이를 했다. 나는 이 기회를 놓치지 않고 슈슈를 교육시키기로 했다. "선생님은 어지르지 않아요. 선생님 장난감 좀 정리하세요! 탁자도 정리해 주세요. 내일 또 학생이 써야 하니까요."

슈슈 선생님은 역할에 몰입해 번개처럼 정리했고 우리는 박수를 쳤다. "선생님, 진짜 멋져요! 선생님 잘했어요!" 슈슈 선생님은 칭찬을 받아 날아갈 듯 기뻐 보였다.

달라져 가는 아빠의 모습이 참으로 보기 좋습니다. 아이가 자라는 데 놀이보다 좋은 건 없습니다. 아이는 신체 놀이를 하며 근육을 발달시키고, 선생님 놀이나 소꿉 놀이와 같은 가상 놀이를 하며 사고의 기초와 언어 능력을 다집니다. 놀이를 하며 스트레스를 발산하기도 하죠. 놀면서 큰다는 말이 과언이 아닙니다.

DATE: 8 / 4 /

엄마 일기: 우리 집의 세 가지 규칙

슈슈가 장난을 칠 때마다 자꾸 소리를 지르게 된다. 그러면 슈슈는 어른처럼 큰소리를 친다. "엄마, 소리 지르지 마. 그리고 짜증 내지 마!" 이 말을 들으면 조금 심했나 싶어 잘못을 인정하게 된다. "엄마가 너무 짜증을 냈네. 조심할게."

매번 윽박지르는 상황을 줄이기 위해 규칙을 만들어 가족 모두가 지키자는 제안을 했다. 먼저 나는 '짜증 내지 않기'를 제안했다. 그러자 남편은 슈슈의 돌고래 소리를 지적하며 '소리 지르지 않기'를 제안했다. 여기에 맞서 슈슈는 '때리지 않기'를 언급했다. 이렇게 우리 집의 규칙이 정해졌다. 내가 짜증을 낼 때마다 남편이 "짜증 내지 않기!"라고 구호를 외치고, 남편이 슈슈를 때리려고 할 때마다 내가 "때리지 않기!" 하고 규칙을 일러 주기 시작했다.

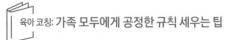

육아 코칭: 가족 모두에게 공정한 규칙 세우는 팁

부모가 어른이라는 점을 이용해 자신들은 규칙을 지키지 않으면서 아이의 행동만 구속하려 하면 아이 역시 규칙을 지키지 않게 됩니다. 결국 규칙의 의미가 사라지는 거죠. 하지만 슈슈네 규칙은 아주 공평하고 공정하네요.

DATE: 8 / 14 /

엄마 일기: 유치원에 들어가다

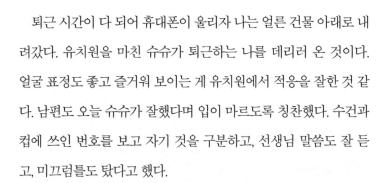

퇴근 시간이 다 되어 휴대폰이 울리자 나는 얼른 건물 아래로 내려갔다. 유치원을 마친 슈슈가 퇴근하는 나를 데리러 온 것이다. 얼굴 표정도 좋고 즐거워 보이는 게 유치원에서 적응을 잘한 것 같다. 남편도 오늘 슈슈가 잘했다며 입이 마르도록 칭찬했다. 수건과 컵에 쓰인 번호를 보고 자기 것을 구분하고, 선생님 말씀도 잘 듣고, 미끄럼틀도 탔다고 했다.

우리 세 가족은 퇴근 인파에 섞여 함께 집으로 돌아왔다. 낮잠을 안 잔 슈슈는 아빠의 어깨에 기대어 잠이 들었다.

피아제는 사람은 적응하려는 힘을 가지고 태어난다고 합니다. 능동적으로 환경과 상호 작용 하여 세계에 대한 지식을 확장시켜 나간다는 거죠. 그리고 경험 내용을 해석하고 추론하며 문제 해결을 하는 동안 기존의 인지 구조에 질적 변화가 일어나 새로운 인지 구조가 형성된다고 주장했습니다. 즉 인지 발달이란 인지 구조의 계속적인 질적 변화 과정을 뜻합니다. 이 과정에서 도식(주변 세계에 대한 이해를 바탕으로 대응하는 데 필요한 지각의 틀, 반응의 틀), 동화(새로운 경험을 기존의 사고 구조에 통합하는 과정), 조절(새로운 경험이 기존의 도식과 맞지 않을 때 도식을 새로운 경험에 맞도록 수정하는 것), 평형화(동화와 조절을 통한)가 일어납니다. 아이는 유치원에 들어가면 부모와 함께 지낼 때의 행동 패턴(이미 도식화된 것)을 새로운 환경에 응용합니다. 그리고 동화, 조절 과정을 거쳐 유치원 생활에 적응하죠. 질적으로 차이가 있을지는 모르지만 아이들은 결국 모두 적응을 해냅니다. 필요한 것은 오직 시간뿐이죠. 묵묵히 함께하고 지켜봐 준다면 아이의 무한한 잠재력을 발견할 수 있을 것입니다.

유치원 입학이라는 객관적인 현실은 이미 정해진 사실입니다. 그러므로 결과는 어떤 마음으로 현실을 받아들이는가에 달려 있습니다. 예를 들어 아이가 적응을 못하고 울면 부모는 마음이 불안해지고 아이의 적응 능력을 의심하게 됩니다. 아이가 유치원 생활을 잘할 수 있을지 부모가 먼저 겁을 먹으면, 이런 정서는 행동을 통해 드러나고 아이에게 영향을 미치게 됩니다.

DATE: 8 / 20 /

아빠 일기: 아이의 등원에 한없이 예민해지다

오늘은 보호자가 함께하는 마지막 날이다. 내일부터는 슈슈 혼
자 유치원에 있어야 한다. 아무래도 걱정스러워 어제 우리 부부는
어떻게 하면 아이의 적응을 도울 수 있을까 이리저리 고민을 나누
었다. 내가 아이의 적응 문제로 스트레스를 받고 있으니, 아내가
감정을 잘 다스려서 슈슈를 다그치지 않도록 전에 쓴 일기들을 읽
어 줬다.

육아 코칭: 정서가 불안정하면 적응이 느려진다

정서 안정은 문제를 해결하는 기본 조건입니다. 위축되거나 흥
분된 상태에서는 상황을 파악하는 시야가 좁아지고 분석력과 자
기 통제 능력이 낮아집니다. 폭발적인 감정에 휩싸이게 되면 무엇
을 하더라도 감정적으로 대응하게 됩니다. 그러면 문제가 해결되
기는커녕 더 악화되기만 하죠. 아이의 적응 능력은 우리의 상상을
뛰어넘습니다. 중요한 건 아이를 믿는 것이죠.

아빠 일기: 이마의 혹으로 시작된 불안 ✏️

유치원에 다녀온 슈슈 이마에 혹이 나 있었다. 혹을 보고 불현듯 이런 생각이 들었다. '만일 슈슈 이마에 난 혹이 친구한테 맞아서 생긴 건데 우리가 제때 조치를 취하지 못한다면? 그래서 상처받은 슈슈가 우리를 믿지 못하고 다음에 괴롭힘을 당하고도 숨긴다면? 이것이 유년기에 큰 상처로 남게 된다면?' 이런 생각들이 꼬리를 물고 이어졌다. 슈슈에게 스스로를 보호할 줄 알아야 한다고 가르쳤다. 괴롭힘을 당하면 "그렇게 하지 마!" 하고 크게 외치라고 했다. 그리고 바로 선생님한테 알리고 집에 와서도 아빠나 엄마한테 말해 달라고 했다. 반드시 아빠와 엄마가 지켜 줄 테니까.

📖 육아 코칭: 모든 사건에 지나친 의미 부여는 금물

아이를 걱정하는 아빠의 깊은 사랑이 느껴집니다. 하지만 아빠를 보면 마음속에 너무 많은 걱정과 불안을 가지고 있는 것 같습니다. 사람은 태어나는 순간부터 좌절 속에서도 끊임없이 앞으로 나아갑니다. 그리고 한 가지 사건이 꼭 어떤 결과로 이어지는 건 아닙니다. 반대로 특정 결과가 반드시 한 가지 원인 때문에 일어나는 것도 아니죠.

엄마 일기: 칭찬도 아껴야 하는 걸까? ✏️

아침에 슈슈와 맛집이라고 소문난 빵집에 갔다. 줄이 아주 길었
는데도 슈슈는 인내심을 가지고 잘 기다렸다. 오히려 내가 서두르
니 "괜찮아. 조금만 기다리면 살 수 있어." 하고 의젓한 모습을 보
였다. 이런 슈슈가 기특해 열심히 칭찬해 줬다. 그랬더니 남편이
"슈슈를 칭찬하는 건 좋지만 너무 띄워 주지는 마."라고 했다. 대체
그 차이가 뭘까?

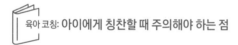

육아 코칭: **아이에게 칭찬할 때 주의해야 하는 점**

부모는 언제 아이를 칭찬할까요?

첫째, 자신들이 무의식적으로 세워 둔 기준을 아이가 뛰어넘을
때입니다. 부모의 마음속 기준에 좌우되는 것이죠. 칭찬에 인색한
부모가 있는 반면에 버릇처럼 늘 칭찬하는 부모가 있는 것도 아이
에 대한 요구나 기대 기준이 다르기 때문입니다. 따라서 부모는 자
신들이 아이에게 바라는 기준이 합리적인지 의심해 봐야 합니다.

둘째, 칭찬을 수단으로 아이에게 특정 행동을 가르칠 때입니다.
가령 예의를 가르치기 위해 아이가 다른 사람에게 인사를 하면 칭
찬해 주는 것이죠. 이때는 어디까지나 칭찬이 수단이기 때문에 목

적과 혼동해서도, 수단을 목적화해서도 안 됩니다. 칭찬을 위한 칭찬이 돼서는 안 된다는 뜻입니다.

DATE: 9 / 10 /

엄마 일기: 또래 친구들에 비해 뒤처지는 걸까?

저녁에 퇴근해서 남편과 함께 유치원 까페에 올라온 친구들의 그림을 구경했다. 그러다가 사진 구석에서 슈슈의 미완성 그림을 발견하고는 우리는 실망했다. 남편은 신중을 기해 산 크레파스를 쓰지도 않은 것에 화가 난 듯했다. 나는 눈짓으로 다그치지 말라고 신호를 보내며 슈슈에게 왜 그리다 말았는지 물었다. 하지만 슈슈는 묵묵부답이었다. 나는 애써 실망한 기색을 감추며 평소 색칠 연습을 안 시킨 걸 반성했다.

자기 전에 슈슈와 함께 크레파스로 색칠 공부를 했다. 슈슈는 아주 좋아하면서 크레파스를 자세히 들여다보더니 몇 개 더 색칠했다. 앞으로는 슈슈가 미술 시간에 크레파스를 들고 자기만의 작품 세계를 보여 주기를 기대해 본다.

교육 심리학 이론 중에 아이는 어른이 걱정하는 방향으로 성장한다는 이론이 있습니다. 문제를 발견하면 어른은 그것을 주시하게 됩니다. 그러면 오히려 그 부분이 부각되어 아이의 문제는 점점 더 심해지고 지속되는 거죠. 그러니 단점이 아닌 장점 위주로 살피려 노력해야 합니다.

DATE: 9 / 17 /

아빠 일기: 아이가 다쳤다는 유치원의 전화를 받다

오후에 아내에게 전화가 걸려 왔다. 슈슈가 유치원에서 뛰다가 다쳐서 병원에 가고 있으니 보호자도 오라고 했단다. 침착하려고 노력하며 병원에 가는데 유치원에서 전화로 슈슈가 약에 알레르기가 없는지 물었다. 이미 치료를 끝내고 보호자를 기다리는 중이란다. 차에서 내리자마자 달려가 보니 슈슈는 선생님에게 안겨 차분히 있었다.

그때 아내가 달려가 슈슈를 안았다. 처방약을 건네며 복용법과 주의 사항을 자세히 알려 준 선생님은 연거푸 사과하면서 다친 것을 마음 아파했다. 그런 선생님에게 아내는 밥 먹듯이 다치고 깨지는 게 사내아이라며 너무 신경 쓰지 말라고 했다. 집에 와서는 꼬마 부상자에게 약을 발라 줬다. 아내는 한 손으로는 거울을 들고 다른 한 손으로는 약을 바르며 잘 참고 있는 슈슈에게 대단하다고 칭찬해 줬다.

육아 코칭: **부모가 불안해하면 아이는 두려워진다**

아이가 다쳐서 병원에 실려 간 상황에서 부모가 침착함을 유지하는 건 정말 쉬운 일이 아닙니다. 부모의 긴장된 모습과 불안한 감정은 아이에게 그대로 전달됩니다. 그러면 아이는 더욱 두려워지고 불안해집니다. 이러면 치료가 힘들어지죠.

아이는 부모를 통해 세상을 보기 때문에 부모는 절대적으로 침착하고 안정적인 모습을 보여야 합니다. 따라서 아이가 다쳤을 때는 괜찮다고 안심을 시키면서 아이의 두렵고 아픈 마음을 읽어 주어 위로해야 합니다. "다쳐서 아프겠구나. 의사 선생님이 치료해 주시면 금방 나을 거야. 엄마가 옆에 있을 거니까 걱정하지 마." 하고 말이죠.

"아이가 받을 상처를
생각하지 못했어요."

〈아빠의 메시지〉

제 부모님은 아주 엄격했습니다. 제 성향에 맞게 호응하고 이끌어 주기보다 강압적으로 규율을 강조했습니다. 특히 어머니는 성질이 매우 급했는데 그 성질을 제가 그대로 물려받았죠. 그런 점이 싫어 사춘기에는 반항도 꽤나 했습니다. 하지만 부모님의 영향 탓인지, 저 역시 아이를 엄하게 대했던 듯합니다. 아이가 규칙을 지키면서도 독립적으로 자라길 바라다 보니 때로는 체벌을 하기도 하고 엄격하게 예의를 가르쳤습니다. 그래서인지 슈슈가 저를 많이 안 따르는 느낌이 들어 서운했습니다.

프로젝트가 진행된 90일 동안 매일 슈슈를 관찰하고 일기를 썼습니다. 그동안 아이도 변화했지만 아빠인 저는 마인드 자체가 180도 달라졌습니다. 긍정적이고 차분해진 데다 조급한 성격이 많이 고쳐져 집안 분위기가 눈에 띄게 달라졌습니다. 슈슈 역시 저를 많이 따르게 되었죠. 부자 간에 마찰은 아직 있지만 전에 비하면 덜한 편이고, 금방 다시 사이가 회복되니 슈슈의 성격도 더 좋아진 것 같습니다.

고작 90일이었지만 앞으로도 이대로만 실천한다면 슈슈의 성격과 인격 형성에 좋은 영향을 줄 수 있을 것 같아 뿌듯합니다.

〈엄마의 메시지〉

90일간의 프로젝트를 진행하는 동안 무엇보다 슈슈의 일상과 세 가족이 함께한 감동의 순간들을 기록으로 남길 수 있어서 기뻤습니다. 남편과 서로 다른 육아관 때문에 충돌이 잦았는데, 이번 기회를 계기로 서로의 생각을 진솔하게 나눌 수 있었습니다. 누가 옳다, 틀리다의 관점으로 접근하지 않고 어떤 행동이 아이에게 더 좋은지 고민할 수 있었습니다. 부부 사이가 좋아지니 슈슈도 더 밝아진 것 같습니다. 모두 프로젝트를 통해 거둔 수확이자 큰 상이 아닐까 싶어 한없이 감사한 마음입니다.

"부모의 무의식이
육아를 좌우해요."

"부모가 되어 보지 않으면 육아의 어려움을 모른다."라는 말이 있듯이 부모가 되면 부모님이 자신에게 왜 그런 행동을 했는지 이해하게 됩니다. 그리고 자신도 모르는 사이 자신의 육아 방식이 부모를 닮아 있음을 깨닫죠. 무의식에 남아 있는 어린 시절의 경험이 유사한 상황에서 튀어나오기 때문입니다.

아마 슈슈의 아빠도 비슷한 고민을 한 것 같습니다. 엄한 부모 밑에서 자란 아빠와 반항기에 접어든 슈슈 그리고 서로 다른 교육 방침으로 갈등을 겪는 부부 사이. 프로젝트가 진행되며 이 가정이 안고 있던 문제의 실마리가 풀리는 느낌을 받았습니다.

세 돌이 넘은 슈슈는 유아 초기(3~7세)로, 제1의 반항기(보통 3~4세)에 있습니다. 이 시기의 아이들은 자유를 원하고 자기 의지를 드러내며 스스로의 가치를 실현하고 싶어 합니다. 그러다 보니 부모의 뜻을 거스르고 반항하죠. 이는 말과 행동으로 부모에게 "나도 이제 다 컸어!" "나도 할 수 있어!"라고 표현하는 것입니다.

시기적 특징도 한몫하여 일기에는 슈슈의 말썽에 대한 것도 있었지만, 성장에 대한 기대와 기쁨도 많았습니다. 프로젝트가 진행될수록 아빠의 변화가 특히 눈에 띄었습니다. 마음이 바뀌면서 행동에 변화가 일었고 이것이 슈슈의 행동에까지 영향을 미쳤죠. 부모의 마인드가 달라지니 슈슈의 행동도 반항이 아닌 성장으로 여겨지기 시작했습니다. 사실 아빠에게도 고충이 있을 수밖에 없었습니다. 육아처럼 일반적으로 마땅히 엄마가 해야 하는 것으로 알려진 일을 해야 하는 데다 자신의 직업을 포기할 수밖에 없었으니 생각이 더욱 부정적으로 바뀔 수밖에요.

아이의 탄생은 부부의 생활 리듬을 망가뜨리고 정신을 피폐하게 만듭니다. 몸이 힘들면 원망이 생길 수밖에 없습니다. 인정하고 싶지 않지만 말입니다. 문제는 대개 내면과 정서가 사람의 행동을 좌우한다는 것입니다. 감정이 폭발해 슈슈의 엉덩이를 때리던 일기 장면을 통해 아빠의 정서 상태와 전업 아빠의 고충을 알 수 있었습니다. 하지만 시간이 흐르면서 감정이 폭발하는 일은 거의 사라졌죠.

무엇이 아빠를 변하게 했을까요? 일기에는 확실한 답이 나와 있지 않습니다. 하지만 분명한 건 육아에는 과학적 지식도 필요하지만 지혜가 더 중요하다는 것입니다. 책을 읽는 독자들도 슈슈 부모의 일기를 읽으면서 여러 경험을 하고 그것을 통해 지혜를 얻었으면 하는 바람입니다.

부성애와 모성애는 본질적으로 차이가 있습니다. 에리히 프롬은 "어머니는 우리가 태어나게 해준 곳으로 자연이자 토양이고 바다이다. 그렇지만 아버지는 이런 자연을 대표하지 않는다."라는 말을 했습니다. 엄마는 아이 중심으로 무조건적이지만, 아빠는 규칙과 질서, 조건적인 사랑을 대표합니다. 아빠는 질서와 규칙을 지켜야 정신적인 응원과 물질적인 만족을 주고 사랑을 베푸는 것이죠. 어려서부터 아빠의 사랑이 부족한 사람은 절대적인 엄마의 사랑에서 벗어나기 힘들며, 공감 능력을 키우기 어렵고, 사회에 적응하는 데 애를 먹을 수도 있습니다.

　이렇게 보면 엄마로부터 첫걸음을 내디딘 아이는 아빠라는 문을 통과하면서 비로소 부모에게서 사회로 향하는 것인지도 모르겠습니다.

4장

둘째가 생겼어요!
불안해하는 첫째 아이

통통이 엄마의 일기

첫째 아이의 동생 스트레스,
어떻게 해야 할까요?

둘째를 가지고 싶어 하는 부모들의 가장 큰 고민은 무엇일까요? 아마 그중 하나는 바로 첫째 아이일 것입니다. 아이가 충격 받지는 않을지, 사랑을 빼앗겼다고 느끼진 않을지, 염려되는 거죠. 첫째도 아직 아기인데 괜한 부모 욕심에 상처를 주는 건 아닐지 고민되는 마음은 충분히 이해되지만, 걱정하지 않아도 됩니다. 물론 처음부터 동생의 존재를 쉽게 받아들이진 못하지만요. 설령 그렇다 하더라도 부모가 세심하게 배려하고 챙기면 자연스럽게 동생을 인정하는 모습을 보입니다.

사실 아이에게 동생의 존재는 엄청난 상실감과 스트레스를 가져옵니다. 온전히 자신을 향하던 부모의 사랑이 다른 존재에게 빼앗겼다고 느낄 때 아이가 받는 충격과 공포심은 대단히 큽니다. 부모와의 애착은 아이에게 생존, 안전과도 연결되기 때문입니다. 즉 부모의 사랑을 빼앗기는 것은 아이에게 안전에 대한 위협과도 같습니다. 그만큼 스트레스가 상당히 큽니다. 그러다 보니 안 하던 행동을 갑작스럽게 하기 시작하죠. 임신 중이라면 엄마의 배를 때리기도 하고, 동생을 따라 퇴행 행동을 보이기도 합니다. 예를 들어 갑자기 팬티 대신 기저귀를 차겠다고 하거나, 자기도 젖병에 우유를 달라고 합니다.

동생의 존재를 즐겁게 받아들일 수 있도록 아이의 감정을 섬세하게 읽어 주는 노력이 필요합니다. 동생이 생겨도 충분히 시간을 함께하고 변함없이 사랑한다는 사실을 확인만 시켜 준다면, 동생에 대한 미움이나 질투는 자연스럽게 줄어들 것입니다.

이는 둘째가 배 속에 있을 때부터 시작해야 합니다. 통통이네 가족이 이런 사례에 해당합니다. 통통이는 동생이 생기는 것을 씩씩하게 받아들이는 듯 보이다가도 때때로 불안해하며 동생을 거부하는 말들을 합니다. 통통이 엄마는 이로 인해 고민이 많았죠. 통통이네는 이 고비를 어떻게 넘겼는지, 일기를 통해 살펴볼까요.

90일간의 육아일기

아이 : 통통이, 만 네 살 남자아이
부모 : 둘째를 임신한 엄마

DATE: 6 / 20 /

엄마는 널 안을 수가 없어

임신 초기라 몸이 불편해 한동안 친정 엄마가 통통이를 데리러 유치원에 갔는데, 오늘은 내가 가기로 했다. 좋아하며 팔짝팔짝 뛰는 아이의 모습이 상상됐다. 그런데 늘 먹을 걸 가져오는 할머니와 달리 빈손으로 온 나를 보고 통통이가 뾰로통한 얼굴을 한다. 마중 나온 할머니 손에 들려 있을 음식에 대한 기대가 무너져서인지 다른 건 눈에 들어오지 않는 모양이었다.

묵묵히 통통이를 따라가며 마음을 풀어 보려고 했지만 통하지 않았다. 그러다 갑자기 통통이가 멈춰 섰다. "나 못 걷겠어." 하며 어리광을 피웠다. 어쩔 수 없이 아이에게 "엄마 배 속에 아기가 있는데, 널 안아도 될까?" 하고 물었다. 둘째를 임신한 지 얼마 안 되어 배는 그리 부르지 않았지만 통통이는 엄마 배 속에 동생이 있어서 자기를 안아 주면 안 된다는 사실을 잘 알고 있었다. 화가 난 통통이를 달랠 수도, 안아 줄 수도 없는 상황에 나 역시 당황스러웠다. 통통이는 더 화가 치민 듯 묵묵히 집으로 걸어갔다.

길을 걷고 또 걷다 보니 어느새 화가 풀렸는지 통통이가 먼저 오늘 유치원에서 있었던 이야기를 들려 주었다. 어느새 혼자 감정 조절하는 법을 배운 통통이의 모습에 감동했다. 하지만 한편으로는 벌써 포기를 알게 된 것 같아 짠하게 느껴졌다.

육아 코칭: 동생이 생긴 첫째의 심정은 폐위된 왕과 같다

모든 사랑과 관심을 한 몸에 받던 첫째 아이는 동생이 등장하면서 그것들을 빼앗기게 됩니다. 개인 심리학의 창시자인 아들러는 이에 대해 '폐위된 왕', '폐위된 왕비'의 신세에 비유했습니다. 한순간에 권력에서 밀려나 아무도 찾지 않는 왕이 되어 버린 것과 마찬가지인 상황이라는 거죠.

더군다나 둘째 아이가 생기면 부모는 첫째 아이를 갑자기 큰 아이처럼 느낍니다. 그리고 이에 걸맞게 행동하기를 기대하죠. 이러한 기대는 아이에게 마음의 부담을 줍니다. 가뜩이나 부모의 사랑을 빼앗긴 상실감에 상처 입은 아이에게 말이죠. 부모는 첫째 아이의 감정을 세심하게 보듬어 주어야 합니다. 너무 어려서 모를 것 같지만, 아이들은 부모의 작은 변화도 민감하게 알아차립니다.

아침마다 먹이기 전쟁 ✎

요즘따라 아침 식사 시간이 되면 스트레스가 치솟는다. 통통이는 오늘도 먹는 둥 마는 둥 늦장을 피운다. 바쁜 아침 시간마다 그런 통통이를 보고 있노라면 열이 순식간에 끓어오른다. 억지로 끝까지 먹게 해보지만, 반은 바닥에 떨어뜨리고 나머지 반은 탁자에 흘려 도대체 한 숟가락이나 제대로 먹은 건지 의문이 들었다. 통통이가 갑자기 질문을 했다. "엄마, 바닥에 떨어진 건 먹으면 안 되지?" 그 말과 동시에 통통이가 바닥에 떨어진 빵을 발로 뭉개 버렸다. 당황해서 나는 할 말을 잃어 버렸다.

📖 육아 코칭: 밥을 안 먹는 아이, 심리에 답이 있다

아이가 밥을 잘 안 먹는 데는 이유가 있습니다. 요즘 유독 밥을 잘 안 먹는다면 유치원에 가기 싫어서일 수 있습니다. 엄마의 임신으로 불안해진 마음에 헤어지는 게 싫은 것일지도 모릅니다. 만약 그런 게 아니라면 아침 메뉴가 싫어서이거나, 배가 고프지 않거나, 어딘가 몸이 좋지 않거나, 평소 간식을 자주 먹어서일 수도 있습니다. 이 중 어떤 이유에 해당하는지 살펴보세요. 메뉴가 문제인 것 같다면 아이들에겐 맛보다 식감이 중요합니다. 아이가 좋아하는

식감을 분석해 그에 맞는 음식을 주세요. 바삭바삭한 음식을 좋아한다면 시리얼도 좋습니다.

안 그래도 바쁜 아침에 제대로 먹지 않고 늦장을 피우는 아이를 돌보다 보면 스트레스를 받아 사소한 자극에도 폭발하기 쉽습니다. 잔소리를 퍼붓거나 혼을 내게 되죠. 이것이 아이에게는 밥을 굶는 것보다 더 안 좋습니다. 엄마 마음부터 먼저 내려놓으세요. 아이가 먹기 싫어한다면 과감히 식탁을 정리하세요. 한 끼 정도는 적게 먹어도 괜찮습니다. 꼭 매끼 제대로 먹여야 한다는 부담감을 내려놓으세요.

DATE: 6 / 27 /

듣기 좋은 소리만 들으려는 아이

오늘 유치원을 마치고 돌아오는 길에 통통이는 아주 신이 났다. 멀리서 지켜보니 유치원에서 그린 그림을 주변 사람들한테 일일이 다 보여 주고 있었다. 알고 보니 미술 시간에 선생님이 통통이의 그림을 칭찬한 것이다. 평소 그림에 재능이 없다고 생각해 늘 미술 시간이면 시무룩해 있었는데, 그림을 보는 사람마다 칭찬을 해주니 신이 났나 보다. 하지만 아빠만은 달랐다. 칭찬은커녕 여기저기 꼼꼼하게 색칠되지 않은 부분 등을 지적했다. 입을 삐죽거리던 통통이가 아빠에게서 그림을 뺏으며 투덜거렸다. "다시는 아빠랑 안 놀 거야. 진짜 나빠!"

언제부터일까. 듣기 좋은 말만 들으려 하고 거슬리는 말을 못 참게 된 건……. 이 문제에 대해 아무런 대책도 생각지 못한 채 걱정만 계속하고 있다. 통통이는 억울한 듯 내 품에 안겼지만 나는 칭찬이나 꾸지람, 아무 말도 하지 않았다. 전에 이런 일이 있었을 때 남편을 옹호하자 나를 무슨 원수처럼 대했기 때문이다. 아이의 생각을 고쳐 줄 좋은 방법이 좀처럼 떠오르지 않는다.

육아 코칭: 4~7세 아이 칭찬법

이득은 얻고 싶고 손해는 피하고 싶은 게 사람의 본성입니다. 사람이라면 누구나 칭찬을 좋아하고 지적은 듣기 싫죠. 무엇보다 칭찬은 성격의 기초를 형성해 가는 영유아기 아이에게 동기를 부여하는 최고의 방법입니다. 더 열심히 하고 싶어지게 만들어 주죠. 다만 4~7세 아이들은 결과 중심적으로 판단하기 때문에 과정의 중요성을 계속 상기시켜 주는 칭찬을 하는 게 좋습니다. "참 독특하게 색을 사용했네. 어떻게 이런 색을 칠할 생각을 했니?" "와! 평상시에 그림을 자주 그리더니, 실력이 늘었구나!" 하는 식으로 말이죠. 이런 칭찬을 통해 아이들은 부모의 신뢰와 애정을 확인합니다. 또 이를 바탕으로 자신이 무엇을 잘하는지 깨닫고 더 발전시키거나 부족한 부분을 채우려고 노력합니다.

엄마는 이제 나 안 사랑하지? ✏️

친구가 배 속 아기의 선물을 줬다. 무척 귀여운 스트라이프 양 말이었다. 그런데 무심코 탁자에 놔둔 이 양말이 사건의 도화선이 될 줄이야. 유치원을 마치고 온 통통이가 양말을 보자마자 생글생 글 웃으며 물었다. "엄마, 이거 누구 거야?" 순간 뜨끔한 나는 되물 었다. "누구 거 같아?" 그러자 통통이가 바로 "내 거!"라고 외쳤다. 차마 거짓말은 할 수가 없어서 고개를 절레절레 흔들었다. 그러자 갑자기 통통이의 낯빛이 바뀌었다. "이건 배 속의 아기 거야. 엄마 가 산 게 아니라 선물 받은 거야." 하지만 통통이는 몹시 섭섭해하 면서 얼굴을 손으로 가렸다. "엄마는 이제 나 안 사랑하지? 아기한 테만 그런 예쁜 양말 사주고. 난 안 사주고……." 결국 눈물을 뚝뚝 흘렸다.

통통이가 처음으로 내 앞에서 동생에 대한 질투를 드러냈다. 우 려한 순간이 오고야 만 것이다. 저녁에 씻고 잠자리에 들 때까지 통통이는 기분이 좋지 않았다. 달래고 안아 주고 뽀뽀도 해주면서 엄마가 제일 사랑하는 건 통통이라고 일러 줬다. 그리고 배 속 아 기는 아무것도 가진 게 없지만 통통이는 장난감이랑 옷도 많지 않 느냐며 설득했다. 잠이 들기 전 조심스레 다시 물었다. "통통이는 동생 사랑해?" 통통이는 고개를 끄덕였다.

아이는 자신이 받아야 할 사랑을 형제자매에게 빼앗긴다고 느낍니다. 형제자매 간에 하루에도 몇 번씩 싸우는 아이들의 심리에는 대개 이러한 생각이 강하게 깔려 있죠. 둘째가 있는 가정의 부모들은 위와 같은 상황에서 보통 이렇게 말합니다. "엄마, 아빠는 너희들을 똑같이 사랑해." 어렸을 때의 기억을 한번 떠올려 보세요. 부모에게 이런 말을 들었을 때 기분이 어땠나요? 예민하거나 직관이 뛰어난 아이들에게는 그 어떤 말도 중요치 않습니다. 말할 때 감정을 싣는 게 중요하죠. 아이들은 부모의 말 속에 감춰진 감정이나 진실을 읽어 내는 능력이 뛰어나기 때문입니다.

DATE: 7 / 1 /

1등에 집착하는 아이, 우리 탓일까?

통통이가 친구들과 어울려 킥보드를 탔다. 무리 중에는 나이가 어려 아직 킥보드에 서투른 아이도 섞여 있었다. 통통이가 친구들에게 "우리 시합은 하지 말자!"라고 제안했다. 하지만 다른 애들이 시합을 하자는 바람에 대세에 따를 수밖에 없었다.

멀리서 지켜보던 나는 시합을 할 때마다 누가 이겼는지 물어보던 예전과 달리, "시합은 어땠어? 재밌었니?"라고 질문했다. 그러자 신이 나서 놀던 통통이가 큰 목소리로 "응! 아주 재미있어!" 하고 대답했다. 버릇처럼 하던 "내가 1등!"도 하지 않는다. 평상시 등수에 집착하는 모습을 보이던 통통이인지라 대답을 들으니 아무래도 결과가 좋지 않은 모양이다.

아등바등하며 아이들 꽁무니를 따라가는 아이의 모습을 보면서 통통이가 평소 경쟁을 좋아하고 1등에 집착하는 게 우리 탓은 아닐까 반성했다. 평소 우리가 너무 시합의 승패에만 관심을 보여서 그러는 것은 아닐까 하고 말이다. 앞으로는 아이 앞에서 더욱 말조심해야겠다. 말 한마디가 아이의 성격 형성에 영향을 주니 말이다!

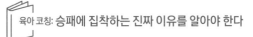

육아 코칭: 승패에 집착하는 진짜 이유를 알아야 한다

1등을 좋아하는 건 아이의 천성입니다. 특히 남자아이들은 승부욕이 강합니다. 게임을 하다가도 자신에게 불리하면 규칙을 바꾸려 하고, 질 경우 승패를 인정하지 않으려 하죠. 승부욕이 긍정적인 측면도 있지만, 지나치게 집착할 경우 자신의 존재를 증명하고 싶어서 그러는 것은 아닌지 살펴봐야 합니다. 그런 경우라면 자기에 대한 믿음이 부족하다는 뜻이기 때문입니다. 승패가 아이의 자존감을 결정하는 것이죠. 이것의 문제는 실패하면 자기 존재가 부정당하는 느낌을 받아 힘들어할 수 있다는 것입니다.

아이가 자신의 모습을 건강하게 받아들일 수 있도록 과한 칭찬이나 기대는 줄이는 게 좋습니다. 그리고 졌을 때 이를 승복하는 자세를 칭찬해 주세요. 아빠를 롤 모델로 삼는 남자아이의 특성상 아빠가 나서는 편이 효과적입니다. 부모 역시 모든 것을 잘하는 것이 아니며 못하는 것이 있음을, 오늘 비록 실패했어도 내일은 성공할 수 있음을 일깨워 주세요.

DATE: 7 / 5 /

동생, 때려 줄거야!

통통이와 같이 낮잠을 잤다. 그런데 계속 두 다리를 턱하니 내 배 위에 올리는 것이 아닌가. 그것도 정확히 아랫배를 치는 바람에 식은땀이 흘렀다. 배 속에 아기가 있으니 그러지 말라고 타일렀다. 그런데도 통통이는 "때려 줄 거야!"라고 했다. 평소에는 동생을 아끼며 다른 사람은 내 배를 만지지도 못하게 하더니 오늘은 왜 이렇게 돌변한 걸까. 하지만 한편으로는 이해가 됐다. 평소에 내가 너무 배 속의 아기만 싸고돌아 사랑을 빼앗겼다고 느꼈나 보다.

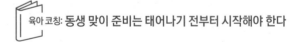
육아 코칭: 동생 맞이 준비는 태어나기 전부터 시작해야 한다

동생이 태어나기 전부터 첫째 아이를 충분히 준비시켜야 합니

다. 임신 초기부터 엄마의 신체 변화에 대해 알려 주고 동생을 맞이할 마음의 준비를 시켜야 하죠. 배 속에 있는 아기를 느낄 수 있도록 만져 보게 하는 것도 좋습니다. 앉지도 못하고 혼자서는 먹지도 못하는 갓난아기의 특성에 대해서도 알려 주세요. 또 아기가 사용할 물건들을 미리 보여 주면서 "조금 있으면 동생이 태어날 텐데, 우리 반갑게 맞이해 주자. ○○이가 엄마 도와줄 거지?" 하며 아주 중요한 역할을 맡고 있음을 알려 주세요. 그렇지 않으면 동생이 태어난 후 때리고 꼬집는 등 적대감을 드러내거나 갑자기 아기처럼 우유를 먹겠다며 퇴행 행동을 보일 수 있습니다. 부모의 사랑을 빼앗긴 스트레스에 머리나 배가 아픈 신체 증상을 보일 수도 있고요.

DATE: 7 / 10 /

엄마의 사과

　요즘 통통이의 눈에 염증이 생겨서 매일 눈에 안약을 넣어 줘야 한다. 그때마다 무섭다고 한바탕 난리가 난다. 오늘은 통통이가 만화를 보고 있을 때 안약을 넣으려고 했다. 그런 나를 보고 통통이가 "엄마, 조금 있다가. 나 지금 만화 봐야…"라고 말하는데 아이의 말이 미처 끝나기도 전에 나는 별 생각 없이 텔레비전을 꺼버렸다. 끄고 나서 바로 후회했지만, 아이는 벌써 폭발하며 울기 시작했다.

가만히 통통이를 안고 등을 토닥이니 나를 떠밀면서 나쁜 엄마란
다. 내가 받아 주면서 조용히 속삭였다. "통통이가 재밌게 보고 있
는 텔레비전을 꺼버려서 나쁜 엄마라고 하는 거지? 그런데 엄마
는 통통이 눈에 염증이 너무 걱정되서 그런 거야. 빨리 약을 넣어
야 염증이 사라지거든." 아이의 울음이 조금씩 잦아들었다. "염증
이 안 나야 과자랑 사탕도 먹을 수 있어." 그러자 통통이가 묻는다.
"그럼 초콜릿도 먹을 수 있어?" 이제는 울지 않고 차분해졌다. "다
음부터는 엄마가 텔레비전 끄기 전에 먼저 말할게. 오늘은 통통이
마음도 몰라주고 엄마가 일방적으로 꺼버려서 미안해!" 통통이는
마음이 풀렸는지 내 품에 안겼다.

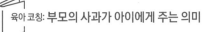

육아 코칭: 부모의 사과가 아이에게 주는 의미

어떤 부모는 자신이 잘못해 아이에게 상처를 주고도 그 사실을
인지하지 못합니다. 그러니 당연히 사과도 할 수 없죠. 또 어떤 부
모는 자기의 잘못을 알지만 인정하지 않습니다. 오히려 사과하지
않는 것을 정당화하기도 하죠. 물론 통통이의 엄마처럼 아이에게
잘못을 하거나 실수를 했을 때 그것을 인정하고 사과하는 부모도
있습니다. 이렇게 부모의 반응이 다른 만큼 아이에게 미치는 영향
도 모두 다릅니다. 사과하는 부모 밑에서 자란 아이는 스스로의 행
동을 돌아보며 잘못을 인정할 줄 알죠.

부모들이 아이에게 사과하기를 꺼리는 것은 자신의 잘못을 인정해야 하기 때문입니다. 부모로서의 권위를 상실하는 것이 아닌가 걱정이 되는 것이죠. 하지만 솔직한 사과는 오히려 아이에게 부모에 대한 존경심을 심어 줍니다. 또 부모의 입장이나 상황을 이해해 보는 기회를 가지게 합니다.

DATE: 7 / 18 /

아이에게 화풀이를 하다 ✎

오늘은 어떤 일을 상의하기 위해 가족들이 모두 한자리에 모였다. 서로 의견이 달라 언성이 높아지다가 옆에서 놀던 통통이에게까지 불똥이 튀었다. 어른들 목소리가 커지니 통통이는 내게 달라붙으며 "엄마, 이거 해도 돼?" "저거 해도 돼?" 하며 끊임없이 질문을 했다. 내가 대꾸를 안 해주자 "엄마, 이 그림은 무슨 뜻이야?" 하고 또 물었다. 결국 나는 "엄마 귀찮게 하지 말고 혼자 놀아! 엄마 지금 어른들하고 얘기 중이잖아!" 하고 화를 내고 말았다.

어른들의 목소리가 점점 더 커지자 통통이가 내 곁으로 오더니 소리를 지른다. "싸우지 마!" "소리 지르지 마!" 나는 그런 통통이의 감정을 보듬기는커녕 "넌 어른들 일에 끼어드는 거 아냐." 하고 입을 막아 버렸다. 통통이는 침울해진 표정으로 구석에 가서 얌전히 놀기 시작했다. 그러다 내가 부엌으로 가자 나를 따라와 손을 내밀었다. "엄마, 배 속에 아기 때문에 힘들지? 내가 손 잡아 줄게." 통통이의 작은 손을 잡으며 생각했다. 내가 감정을 다스리지 못할 때마다 통통이가 상처를 받는 건 아닐까. 평소의 노력이 물거품이 되어 버리는 것 같다. 미안해, 우리 아들.

육아 코칭: 부모의 감정은 때때로 아이에게 쏟아진다

부모도 사람이기 때문에 때때로 격한 감정에 휩싸입니다. 문제는 그 감정이 감정을 유발한 사람이 아닌 엉뚱한 곳을 향할 때입니다. 바로 가장 만만한 상대한테 말이죠. 부모에게 아이는 이러한 상대인 경우가 많습니다. 순간적인 감정으로 아이를 대하고 나면, 그 감정의 원인이 아이 때문이 아님을 알기에 마음이 불편해집니다. 이는 고스란히 죄책감으로 이어집니다. 또 부모의 감정 받이 역할을 거듭하다 보면 아이 역시 자신의 감정을 다른 사람에게 쏟아내고 싶어집니다. 그 대상은 친구가 될 수도 있고, 자기 자신이 될 수도 있죠. 이보다 심각한 문제는 아이가 자신에 대해 부정하고 세상을 믿을 수 없게 된다는 점입니다. 만약 아이에게 화풀이를 했다면, 반드시 사과해야 합니다. 죄책감에 빠지기보다 상처받은 아이 마음을 달래 주고, 진정성 있게 사과를 해야 합니다. 그래야 아이의 상처가 치유됩니다.

아이와의 약속을 까먹다

통통이 아빠가 처음으로 유치원에 아이를 데리러 갔다. 부자가 화기애애하게 돌아오는 장면을 상상했건만 어찌된 일인지 통통이는 입을 삐죽거리고 있었다. 그리고 나와 눈이 마주치자 곧장 울음보를 터트렸다. 남편은 영문을 모르는 눈치였지만 나는 금방 알아챘다. 내가 하원할 때 바나나를 가지고 가겠다고 해놓고 까맣게 잊어버린 것이다! 통통이의 마음을 달래기 위해 갖은 방법을 썼지만 소용이 없었다. 답답해진 남편은 애가 왜 이리 고집이 세냐며 투덜거렸다. 하지만 분명 내가 약속을 지키지 않아서 벌어진 사태이기에 아이 탓을 하면 안 될 것 같았다. 내가 잘못해 놓고 애를 부정하고 꾸짖으면 아이가 상처를 받을 것 같았다. 먼저 아이에게 아빠한테 바나나를 들려 보내지 못한 것은 엄마 잘못이라고 사과를 했다. 여기에 덧붙여 평소에는 힘들게 일하는 아빠가 어렵게 시간을 내서 통통이를 데리러 간 것이라고 설명했다. 바나나는 매일 먹을 수 있지만 아빠는 시간을 내기 어려우니 안 좋은 일은 잊어버리고 좋은 것만 기억하자고 설득했다. 통통이도 알아들었는지 아빠가 와서 웃겨 주니 환한 웃음을 보였다. 오해가 풀리고 나니 아이도 더 이상 고집을 부리지 않았다.

사소한 것 같지만 아이는 약속을 통해 세상에 대한 신뢰를 형성해 갑니다. 만약 부모가 아이와의 약속을 제대로 지키지 않는다면, 아이는 부모를 믿지 못하게 됩니다. 반면에 자신과의 약속을 존중해 주는 부모의 모습은 아이의 자존감을 높이고 부모를 향한 존경심과 권위를 가지게 하죠.

아이에게 약속은 크든 작든 모두 소중합니다. 그러다 보니 부모가 약속을 어기면 울고 불며 난리를 칩니다. 그럼 부모는 고집이 세고 말이 안 통한다는 부정적인 판단을 아이에게 내리곤 합니다. 아이가 화낼 권리도 인정해 주어야 합니다. 화를 내지 못하게 싹부터 자르려 하기보다는 화를 건전한 방향으로 풀 수 있도록 유도해야 합니다.

DATE: 7 / 31 /

아들인데 왜 이렇게 소심할까?

날이 무더워 근처 계곡에서 물놀이를 하기로 했다. 평소에 용감하고 씩씩하다고 수시로 칭찬하고 있지만 통통이는 사실 대단히 소심하다. 아니나 다를까 통통이는 계곡물을 보고 잔뜩 겁을 먹었다. 우리가 계속 응원하니 힘겹게 두 발을 물속에 담갔다. 하지만 이내 돌 이끼에 미끄러져 무릎이 까졌고 물에 다시 들어가려 하지 않았다. 아무리 설득해도 꿈쩍을 안 해 남편이 "그럼 동네 수영장 갈래?" 하고 물으니 좋다고 한다. 내가 "무서워서 물에도 못 들어 가는데 우리 수영장에 가지 말자!"라고 하자, 물에 들어갈 수 있다고 외치기까지 했다.

그러나 수영장에 가서도 통통이는 좀처럼 두려운 마음을 떨치지 못했다. 겨우 두 발만 담근 채 나아가질 못했다. 통통이가 망설이는 동안 해질녘이 되었고, 결국 나와 남편은 짜증이 나서 짐을 챙겨 철수했다. 오늘의 외출은 정말 실패였다. 통통이는 기분이 안 좋았고 우리도 너무 찹찹했다. 우리는 어쩌다 이렇게 소심한 아들을 낳았을까!

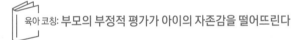

육아 코칭: 부모의 부정적 평가가 아이의 자존감을 떨어뜨린다

아이가 네 살이 되면 기쁨, 분노 같은 생리적인 정서적 경험이 자신감, 부끄러움 같은 사회적인 감정으로 발전합니다. 아이에게 가장 중요한 정서적 경험 중 하나는 바로 자존감입니다. 아이 스스로 내가 최고이자 가장 잘났다고 생각하는 만큼 '못났다, 바보 같다, 말을 안 듣는다, 나쁘다' 같은 말을 해선 안 됩니다. 사람은 자존감이 있어야 자신감을 갖고, 스스로를 가치 있게 여기며 자긍심을 가집니다.

사탕 먹을 거야! 콜라 마실 거야!

전에는 물을 무서워하더니 금방 익숙해져 오늘도 수영하러 가자고 재촉했다. 하지만 남편도 집에 없고 나는 원체 수영도 못하는 데다 임신 중이라 같이 물에 들어가기 힘들었다. 그래서 "놀이터에 갈래? 아님 친구 불러다가 놀까?" 하고 여러 가지 제안을 했지만, 이것도 싫고 저것도 안 된단다. 통통이는 자기 뜻대로 안 되는 것 같으니 무리한 요구를 하기 시작했다. "사탕 먹을 거야!" "콜라 마실 거야!" 원하는 걸 못 해준다고 해서 다른 요구에 응하는 건 아니다 싶어 정색하며 타일렀다. "수영을 못 가는 건 아빠가 없어 데려갈 사람이 없어서 그런 거잖아. 사탕이나 콜라랑은 전혀 상관없지." 내 말을 알아듣고 더 이상 고집을 부리지 않으리라 믿었다. 과연 통통이의 고집은 오래가지 않았다. 무뚝뚝하지만 한결 누그러진 말투로 "그럼 아빠가 언제 데려가 줄 수 있는데?" 하고 물었다. 나는 통통이를 무릎에 앉히고 속상한 마음을 오랜 시간 달래 주었다.

📖 육아 코칭: **감정은 표현해야 사라진다**

정서는 일종의 에너지이기 때문에 억압한다고 해서 사라지는 것이 아닙니다. 다만 형태를 바꿀 뿐이죠. 부정적인 정서가 있을 때 말로 내뱉는 것은 아주 좋은 방법입니다. 부정적인 정서를 억압하여 해소하지 못하면 결국 부정적인 행동으로 표출된다는 사실을 잊지 마세요.

DATE: 8 / 16 /

처음으로 아이 혼자 해본 쇼핑

통통이와 몇몇 아이들이 단지에서 요란스레 놀고 있었다. 그중 한 애가 1,000원으로 사탕을 사먹었다. 그 애 엄마 말에 의하면 사탕 산다고 돈을 가져간 뒤 금방 또 와서 "사탕 사 먹게 500원만!" 이런단다.

그런데 그 애 엄마가 자기 아들에게 1,000원을 주면서 통통이에게도 같이 사 먹으라고 했다. 순간 말릴 새도 없이 두 아이는 번개같이 편의점으로 뛰어가 버렸다. 그리고 순식간에 사탕을 하나씩 사서 돌아왔다. 통통이는 "엄마, 이거 내가 산 거야." 하며 혼자 해냈다며 무척 자랑스러워했다.

📖 육아 코칭: **수많은 성공 경험이 성장의 원동력이 된다**

이 시기 아이들은 조금 특별한 시기를 보내고 있다고 할 수 있습니다. 자신이 '무엇이든 할 수 있는 형'이 됐다고 생각하지만, 실제 능력은 부족해서 부모에게 의지해야 하는 시기죠. 이때 부모들은 적절한 때에 적절한 방법으로 '할 수 있다'는 자신감을 느끼게 해줘야 합니다. 그리고 아이가 해냈을 때는 칭찬과 인정도 잊지 마세요.

DATE: 8 / 20 /

엄마가 몰라줘서 미안해 ✎

11시가 넘어서 겨우 잠든 통통이는 새벽 2시에 꿈을 꿨는지 잠꼬대를 한참 동안이나 했다. 나는 너무 피곤해서 무시하고 잠을 잤다. 그런데 4시쯤 되었을 때 통통이가 소리를 꽥꽥 질렀다. 놀라서 "왜 그래?" 하고 물으니 "내 이불 어디 있어! 하나밖에 없잖아." 하고 소리치는 게 아닌가. "통통이가 잘 때 꼭 덮는 작은 이불 두 개 다 침대에 있는데? 네 침대에 있어. 한번 보렴." 그런데도 통통이는 "없어! 엄마한테 있잖아. 왜 엄마가 덮었어?"라며 결국 울음보를 터트렸다. 바쁘게 일을 하다가 겨우 1시에 잠든 나는 너무 피곤했다. 하지만 계속 고집을 부리는 통에 "너한테 있다니까! 왜 자꾸 떼를 써?" 하고는 침대를 박차고 나와 작은 이불을 찾아서 덮어 줬다.

다시 내 침대로 돌아가려는데 갑자기 들려오는 목소리. "나 엄마하고 같이 잘래……." 알고 보니 무서워서 그랬던 거다. 새 집으로 이사한 지 얼마 안 돼 정서적으로 불안한 상황에서 자다가 깼는

데 전혀 낯선 곳이라 당황한 것이다. 그런데 이 부족한 엄마는 눈치도 못 채고. 한심하다.

육아 코칭: 부모의 과도한 죄책감이 아이를 불안하게 만든다

엄마도 사람인 이상 피곤할 때도 있고 졸릴 때도 있죠. 완벽하지 않다고 해서 너무 자책하지 마세요. 엄마는 자신 때문에 아이가 조금이라도 불편해하거나 상처를 입은 듯 보이면 한없이 미안해집니다. 하지만 엄마의 과도한 죄책감은 아이를 오히려 불안하게 만듭니다. 이런 경우 아이의 상태나 호불호에 따라 엄마의 반응도 이랬다저랬다 하게 되기 때문입니다. 완벽한 부모란 있을 수 없습니다.

DATE: 8 / 24 /

옷 입히기 힘든 요즘

어제 폭우가 쏟아진 탓에 통통이의 잠옷이 모두 마르지 않아 티셔츠를 입고 자야 했다. 하지만 통통이는 "잠옷 없으면 나 안 자!" 하고 고집을 피웠다. 사실 오늘만의 일이 아니다. 부쩍 몇 달 전부터 패션에 지나치게 신경을 쓰기 시작했다. 마음에 안 드는 옷은 절대 안 입으려고 한다.

아이가 자신이 원하는 옷을 고집한다는 것은 그만큼 자의식이 성장했다는 증거입니다. 대단히 긍정적인 신호죠. 하지만 아이의 요구를 전부 만족시키는 건 불가능합니다. 그렇다고 해서 모두 다 안 들어주는 것도 불합리한 일이죠. 결국 능력이 닿는 대로 해주기 마련입니다. 여기서 최악은 기분이 좋을 때는 뭐든 다 들어주다가 나쁘면 아무것도 안 들어주는 식으로 부모의 기분에 따라 달라지는 것입니다.

DATE: 9 / 1 /

동생이 울면 내가 놀아 줄게

임신으로 인해 몸이 편치 않아서 누워서 쉴 때가 많다. 그럴 때면 유치원에서 돌아오자마자 통통이가 "엄마, 배 속의 아기 때문에 힘들어?" 하고 묻는다. 평소에 자주 피곤해하니 통통이도 엄마 몸이 힘든 걸 아는 거다. 아이의 걱정 어린 반응에 마음이 무거워져 아이를 쓰다듬으며 가만히 고개를 끄덕이니 "아기는 안에서 뭐 해?" 하고 물어본다. 아기는 잠을 자고 있다고 하니 착하게도 곁에 조용히 눕는다. 그러다 갑자기 무슨 생각이 났는지 "엄마, 고기를 많이 먹어. 동생 피가 모자라지 않게."라고 말하는 것이다. 그러면서 "동생이 울면 내가 놀아 줄 거야. 배고프다고 하면 우유도 먹여 줄게. 엄마, 아빠가 일 때문에 바쁘면 내가 돌볼 거야." 나는 고개를 끄덕이며 아기가 태어난 후의 장밋빛 미래를 상상했다. 통통이의 말이 너무 감동스러워서 눈물이 날 지경이었다. 혹시나 해서 내가 "그럼, 장난감 차도 동생 놀라고 줄래?"라고 물으니 잠시 망설이더니 "동생은 아직 어려서 차 못 가지고 놀아." 한다. 그러고는 제일 아끼는 차가 있는 쪽으로 쏜살같이 뛰어갔다. 이럴 수가!

📖 육아 코칭: **동생의 존재가 불안감만 가져다주는 건 아니다**

우리는 흔히 동생이 생기면 첫째 아이가 불안감을 느끼며 거부 반응을 보일 것이라고 생각합니다. 그러나 아이는 그에 못지않게 설렘과 기대감을 느낍니다. 따라서 부모가 어떻게 대하느냐에 따라 아이의 긍정적인 감정을 높일 수도 있습니다. 동생을 챙기는 모습을 보일 때마다 놓치지 말고 칭찬해 주세요. 단 아이가 앞으로도 계속 동생을 챙길 거라고 기대해서는 안 됩니다. 칭찬을 통해 긍정적인 행동을 유지하도록 북돋워 주세요.

"아이를 제대로 보고 있지 못했음을
이제야 알았어요."

90일간의 기록을 돌아보니 수많은 감정이 교차합니다. 앞만 보고 달리다 보면 일상을 돌아볼 여유조차 없기 일쑤였는데, 이번 프로젝트를 통해 일기를 쓰다 보니 하루하루가 감동과 기쁨으로 다가왔습니다.

일기를 쓰기 전까지 제가 이렇게 감정에 예민한 줄 몰랐습니다. 그 덕분에 아이의 감정을 세심하게 살필 수 있었다니. 그동안 정답 없는 육아에 잘하고 있는 것인지 늘 두려운 마음이었는데, 조금은 자신감이 생기는 듯합니다. 물론 저의 감정에 빠져 아이의 감정을 놓치거나 제 감정을 아이에게 쏟아냈던 순간들을 떠올리면 한없이 자책하게 되기도 하지만요.

무엇보다 제가 그동안 아이를 제대로 보고 있지 못했음을 깨달았습니다. '저렇게 소심해서 이 험난한 세상 어떻게 살아가려고 하나,' '왜 이렇게 고집불통일까.' '이제 동생도 생기는데 어리광이 이렇게 심해서 괜찮을까.' 늘 달고 살았던 아이에 대한 생각이 사실은 제가 그런 틀 안에서 아이를 가둬 두고 보아 온 탓임을 알게 되었습니다. 덜 여문 부모 탓에 아이도 아이로 살아가기가 참 쉽지 않았을 것 같습니다.

90일 동안 배 속에 아이를 품은 채로 첫째를 돌보면서 늘 마음속에 파도가 일었습니다. 아이에 대한 미안함, 안쓰러움. 그렇지만 동생의 존재를 받아들이려는 아이의 노력에 저는 큰 힘을 얻었습니다. 때때로 원망과 질투가 터져 나오기도 했지만, 동생에게 관심을 보이고 사랑해 주는 모습에 말로 할 수 없을 정도의 감동을 받았습니다. 동생이 태어나면 돌봐 주겠다고 엄마는 쉬라고 해주고, 배 속의 아기 때문에 엄마 힘들다며 고사리 손을 내밀어 줄 때마다 이게 바로 완벽한 행복이 아닌가 하는 생각이 들었습니다. 아들에게 말로 다 표현할 수 없을 만큼 사랑한다고 전하고 싶습니다.

"첫째 아이의
마음은 이렇게 보듬어 주세요."

"아이가 제 말을 들으려고 하지 않아요!" 상담실을 찾는 부모에게 많이 듣는 말 중 하나입니다. 그럴 때마다 저는 "왜 아이가 말을 듣지 않는 것일까요?" 하고 되묻습니다. 사실 이런 경우 부모의 잘못된 말하기 방식에서 그 이유를 찾을 수도 있지만, 대부분 듣기 방식에 그 원인이 있곤 합니다. 하지만 이렇게 이야기하면 늘 아이의 말에 귀를 기울여 주고 있다는 항변이 돌아옵니다. 그러나 진짜 올바른 듣기는 이야기에 담겨 있는 감정을 들어 주는 것입니다.

우리는 아이가 화를 내거나 울 때 "그렇게 울 일도 아니잖아. 울지 마." "소리 지르지 마. 차분히 말해도 알아들어." 하고 말합니다. 이는 아이의 감정 표현을 가로막고, 내가 감정을 표현하니 혼이 났다는 경험을 심어 줍니다. 자연히 감정 표현에 대해 부정적인 인식을 갖게 되죠. 잘 들어 준다는 것은 아이의 감정을 있는 그대로 받아들여 주는 것입니다. 아이의 감정을 부모의 관점에서 해석해서는 안 됩니다. 있는 그대로 보듬어 주세요. 이것이 바로 육아의 기본이자 시작입니다.

호주의 로빈 그릴 심리학자는 "엄마가 아이의 감정에 어떻게 반응하느냐에 따라 자의식과 사회성이 달라진다."고 말합니다. 예를 들어 부모의 사랑을 받지 못해 외로움을 느낀 아이의 두뇌는 다른 사람의 관심을 끄는 데 집착하게 된다는 거죠. 혹은 관계에서 오는 실망감으로부터 자신을 보호하기 위해 내성적이고 무심한 성격으로 두뇌가 발달할 수 있다고 합니다.

통통이 엄마는 이런 점에서 매우 훌륭한 자질을 가지고 있었습니다. 때로는 한없이 동생에 대한 사랑을 고백했다가, 때로는 짜증과 심통을 부리는 아이의 변덕스러운 감정을 최선을 다해서 다독여 주었습니다. 그 덕분에 통통이가 동생에 대한 감정을 충분히 정리하고 받아들일 수 있었다고 생각합니다. 다만 아이가 떼를 쓰거나 심통을 부려 원하는 것을 얻어 내려고 한다면, 이때는 단호해져야 합니다. 감정을 안아 주고 타일러 주되 그 감정을 수단으로 욕구를 충족시키려 하는 행동에는 단호해야 하는 거죠.

동생이 생긴 아이를 대하는 한 가지 팁을 드리자면, 첫째 아이는 불안한 마음에 엄마와 붙어 있으려고 합니다. 가뜩이나 임신으로 힘든 엄마는 그런 첫째 아이에게 자신도 모르게 화를 내게 되죠. 그러다 보니 또 미안해져 아빠가 있는 주말이면 이벤트처럼 무리하게 놀아 주게 됩니다. 이것이 반복되면 아이는 더욱 분리 불안을 호소하게 될 수 있습니다. 그렇다고 아이와 늘 함께할 수는 없습니다. 평상시에 설거지를 하고 있어도 아이의 놀이에 관심을 기울이는 등 마음을 쏟고 있음을 느낄 수 있도록 해주세요. "언니니까." "오빠니까." 이런 말로 혼자 하게 하거나 씩씩하게 받아들여야 한다고 강요해서는 안 됩니다. 오히려 역효과가 날 수 있습니다.

5장

공부 잘하는 아이로 키우고 싶어요

방방이, 땡글이 엄마의 일기

놀고 싶어 하는 아이에게
어떻게 공부를 가르칠 수 있을까요?

유치원에 다닐 무렵이 되면 아이는 제법 아기 티를 벗고 말도 잘하며 몸도 자유자재로 움직일 수 있게 됩니다. 그러면 그때부터 부모는 슬슬 교육에 관심을 돌리게 됩니다. 학습지나 교재를 알아보고 학원에 보내죠. 그렇게 아이는 조금씩 공부를 맛보게 됩니다. 사실 공부라고 거창하게 이름 붙이지만 글자 익히기, 숫자 터득하기, 책 읽기와 같은 것들에 불과합니다. 그런데 희한하게도 공부를 시작하면서부터 엄마와 아이의 관계가 삐걱거리기 시작합니다. 내 아이가 천재일지도 모른다는 부모의 기대는 무너지고 '우리 애는 왜 이럴까?' 하는 걱정과 의문이 앞섭니다. 이는 고스란히 아이를 대하는 말과 행동에 묻어나고, 아이는 그런 엄마에게 상처를 받습니다.

공부를 시작하기에 앞서 부모는 아이를 어떻게 가르치고 키워야 할지 중심부터 세워야 합니다. 그러지 않으면 누구네 집 아이의 이야기에 금방 조급해지고 아이를 채근하게 됩니다. 일관성 없이 이거 했다가 저거 했다가 마구잡이의 메시지를 아이에게 전달하게 됩니다. "응, 하기 싫으면 하지 않아도 돼." 했다가 어느 날은 "너 이렇게 놀기만 해서 나중에 어떻게 하려고 그래? 다른 친구들은 벌써 글자를 쏠 줄 안대!" 하는 식으로 말이죠.

유아기는 아이의 공부에 대한 열정이 가장 강한 시기입니다. 그만큼 부모가 잘 이끌어 주면 아이의 무한한 가능성을 올바르게 이끌어 줄 수 있는 시기죠. 단 유아기는 공부의 기초를 닦는 시기입니다. 더 빨리, 더 많이 가르치는 것을 목표로 삼아서는 안 됩니다.

이번에 만나 볼 엄마는 아이 교육에 관심이 많은 열혈 엄마입니다. 그런 엄마 마음과 달리 아이들은 학원에 가기 싫다며 떼를 쓰고 체험 학습에도 별 관심을 보이지 않죠. 이 엄마의 일기를 통해 자신의 교육관을 점검해 보고 올바른 공부 시작법을 고민해 보세요.

90일간의 육아일기

아이 : 방방이, 초등학교 1학년 여자아이,
땡글이, 만 다섯 살 남자아이
부모 : 학구열이 높은 엄마, 아빠

DATE: 6 / 20 /

우유부단한 방방이

　오랜만에 서점에 갔더니 아이들이 너무 좋아하면서 아동 코너
로 달려갔다. 그런데 첫째 방방이가 한 시간이 넘도록 어떤 책을
살지 고르지 못했다. 그러다가 또 색칠 공부 책에 관심을 보이기
에 "또 색칠 공부야?" 했더니 이내 다른 책을 들춰 보았다. 한참을
보고도 결정을 하지 못하고 "엄마, 나 무슨 책 살까?" 하고 물었다.
"이제 초등학교도 다니는데 아직 책도 혼자 못 고르고." 내가 이렇
게 대답했더니 기분이 상한 모양이다. 결국 아무것도 고르지 못하
고 빈손으로 돌아왔다.

엄마는 아이의 행동을 우유부단하다고 생각합니다. 하지만 우유부단하다는 것은 엄마가 아이의 행동에 부여한 개념일 뿐입니다. 선택하지 않는 것 또한 선택으로 인정해 줄 수 있어야 하죠. 무엇보다 아이가 원하는 것과 부모가 원하는 것이 다를 때 부모는 우선적으로 아이의 욕구를 존중해야 합니다. 욕구를 존중받아 본 아이만이 타인의 욕구도 존중할 수 있는 법입니다.

DATE: 6 / 27 /

아이에게 특기를 만들어 주고 싶어 ✎

아이들과 재즈 댄스 체험 수업에 갔다. 공부도 중요하지만 예술적 감각을 키우고 평생 취미로 즐길 수 있는 특기를 하나쯤 길러 주고 싶었기 때문이다. 낯선 환경을 두려워하고 배우는 것을 그다지 좋아하지 않는 방방이는 역시나 춤추기 싫다며 떼를 썼다. 오히려 함께 데려간 둘째 땡글이가 재미있어했다. 10분쯤 지나자 방방이 역시 들썩들썩하는 모습을 보였다. 앞으로 나가 보라고 떠밀었지만, 엄마 옆에 있겠단다. 수업이 끝나고 선생님이 방방이에게 잘한다는 칭찬을 했다. 아이들에게 수업이 어땠는지 물으니 "아주 좋아!" "재밌어!" 하고 답했다.

커서 취미가 직업이 돼도 좋고, 그게 아니더라도 일상에서 즐길 수 있다면 좋겠다. 처음에는 엄마인 내가 길을 제시해 줘야겠지만 나중에는 아이들 스스로 자신의 길을 찾을 수 있게 되기를 바란다.

육아 코칭: 아이의 흥미와 적성을 키워 주는 부모의 자세

사람은 누구나 호기심을 가지고 있습니다. 이것이 일종의 사회적 동기로 변하면 흥미가 되죠. 아이가 자라는 과정에서 어떤 흥미들은 사라지기도 합니다. 부모의 선택대로 밀고 나가기보다 아이의 생각에 귀 기울일 때 흥미와 적성을 키우는 힘이 커집니다. 엄마가 선택하고 엄마가 원하는 방식으로 강요할 경우 유아기 주도성 발달에 문제가 생길 수도 있습니다.

DATE: 6 / 28 /

아이의 특기 만들기, 미술 수업

방방이가 아빠와 함께 미술 체험 수업을 갔다. 남편은 전화로 방방이가 학원에 가기 싫어해 억지로 들여보냈다고 했다. 걱정이 되어 학원에 가보니 염려와 달리 방방이는 선생님과 웃으며 이야기를 나누고 있었다. 선생님이 "처음에 아버님이 방방이를 데리고 오

136

면서 적응이 느린 편이라고 하셨는데, 그게 아이 마음에 영향을 끼친 것 같아요. 들어오자마자 그림이 싫다고 하더라고요. 그런데 천천히 이야기를 들어 주고 교실 안을 둘러보게 했더니 그때부턴 좋아하더라고요."라고 말했다. 방방이는 다행히 잘 적응한 눈치였다.

미국의 피아노 교육가 페리는 아이들에게 슬럼프가 왔을 때 그만둘까 봐 조바심 내지 않는다고 한다. 아이들은 아직 음악에 대한 감수성이 완전히 발달하지 않아서 피아노를 치다가 종종 질리기도 한단다. 그럴 때는 유명 클래식 곡을 많이 들려준다고 했다. 나도 조급해하지 않고 감수성을 키우는 데 집중해야겠다.

육아 코칭: 예술적 감수성을 기르면 특기는 자연히 생긴다

아이에게 예술적 감수성을 길러 주고 싶다면 자유롭고 편한 환경에서 예술을 느끼고 좋아할 수 있도록 해야 합니다. 설령 그것이 아이를 예술가로 키우려는 것이 아니라 취미나 특기를 만들어 주기 위한 것일지라도 말이죠. 그런데 아이에게 꼭 특기를 만들어 줘야 할까요? 무엇이 정답이라고 단정할 수는 없지만 억지로 특기를 만들어 주려고 한다면 어느 것 하나 꾸준히 하지 못하고 심지어 반감을 갖게 될 수 있습니다. 따라서 특기 그 자체보다는 예술적 감수성을 길러 주는 데 관심을 기울이는 것이 좋습니다.

방학 계획표 세우기

어제 오후, 남편이 아이들과 함께 공부 계획표를 세웠다. 그리고 오늘 남편이 혼자 방방이를 돌봤는데, 방방이가 말도 잘 듣고 계획표대로 공부도 잘했단다. 남편에게 비결이 뭐냐고 물으니 "난 아무것도 한 게 없어. 그냥 같이 있었을 뿐이야." 한다. 방방이는 방해꾼 동생이 없을 때 더 차분히 자기 할 일을 잘하는 것 같다. 오늘부터 계획표를 실천하기로 했는데 아이들은 물론, 부모인 우리에게도 새로운 도전이 될 것 같다.

육아 코칭: **계획표 세울 때의 주의점**

아이들에게도 계획과 규칙은 필요합니다. 좋은 습관을 길러 주는 방법이죠. 하지만 지나치게 이것을 강요할 경우, 그 틀 안에 갇힐 수 있습니다. 융통성이나 유연성을 잃어버릴 수 있기 때문입니다. 계획이나 규칙을 세우고 싶다면, 지킬 수 있는 선에서 세우는 것이 중요합니다. 그리고 아이의 의사를 최대한 반영해야 하죠. 그럴지라도 이를 무조건 지켜야 하는 것은 아닙니다. 아이는 아직 어리므로 막상 해보니 벅찰 수도 있고, 그날그날 컨디션이 다를 수도 있습니다. 부모가 융통성을 지녀야 아이가 유연한 사고를 기를 수 있습니다. 우리가 공부를 강조하고 교육시키는 이유가 아이를 올바른 방향을 성장시키기 위해서임을 언제나 명심해야 합니다. 계획을 매일 칼같이 지키는 건 그리 중요한 일이 아닙니다.

아이에게 처음으로 성교육을 하다

오후에 방방이가 말했다. "밤에 아빠랑 같이 자면 안 돼?" 내가 안 된다고 하니 방방이가 이유를 묻는다. "이제 다 컸으니까 혼자 자야지. 나중에 네 남편이랑 자." 하니 "나 결혼하기 싫어. 아기도 낳기 싫고." 한다. 이유를 물으니 내 배의 제왕 절개 수술 자국을 가리킨다. 무척 아파 보이나 보다. 방방이가 다시 물었다. "배에서 안 꺼내면 애기는 응가처럼 나오는 거야? 어디서 나와?" 생각을 좀 하다가 책을 꺼내 남자와 여자 그림이 있는 페이지를 펼쳤다. 책을 보며 간단하게 항문과 생식기, 요도 등을 알려 줬다. 방방이는 이상하다는 듯이 "아기가 이렇게나 큰데 어떻게 여기서 나와?" 하고 묻는다. 난 아기가 나오는 길과 자궁은 풍선처럼 늘어나는 데다 아기가 태어날 때는 압력이 세기 때문에 "순풍!" 하고 나온다고 설명해 줬다. 그러니 대충 알아들었는지 더는 묻지 않았다. 하지만 꼭 필요한 것 같아 한마디 덧붙였다. "여자한테 여기는 아주 소중한 곳이니까 함부로 만지면 안 돼. 다른 사람도 못 만지게 해야 해. 알겠지?"

요즘에 땡글이도 성별 의식이 생겼는지 며칠 전에 갑자기 오줌을 누면서 "나는 남자야!"라고 외쳤다. 그러더니 고추가 있는지 없는지 여부로 가족들을 남자와 여자로 구별했다.

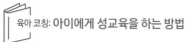

육아 코칭: 아이에게 성교육을 하는 방법

아이의 성교육은 부모에게 대단히 어렵고 까다로운 일입니다. 하지만 사실 어린아이에게도 말로 쉽게 성교육할 수 있습니다. 일반적으로 아이들에게 나타나는 성에 관한 문제는 크게 세 가지로 나눌 수 있습니다. 바로 성 정체성, 성적 충동, 성에 대한 호기심이죠.

땡글이의 경우 성 정체성과 관련된 행동을 보이고 있네요. '성 정체성'이란 쉽게 말해 성별에 대한 자의식입니다. 생물학적, 심리학적, 사회적 성 차이가 내재화되고 자신의 성과 동일시되면서 스스로를 남성 혹은 여성으로 생각하는 것이죠. 아이에게 지어 준 이름이나 입힌 옷, 사준 장난감 등은 모두 성 정체성을 구분하는 의미를 가집니다.

아이들에게도 성적 충동이 있을 수 있습니다. 남자아이들은 고추를 만지고 여자아이들은 탁자 모서리 같은 부분에 성기를 마찰시키는 것이죠. 이때 부모는 절대로 깜짝 놀라는 모습을 보이거나 엄하게 꾸짖어서는 안 됩니다. 놀이를 시작하거나 이야기를 들려 주어 관심을 다른 데로 돌리는 것이 가장 좋은 방법입니다. 그러면 성장하면서 이런 행동은 점차 없어집니다.

호기심 덩어리인 우리 아이들은 세상 모든 것들이 신기한데요. '성' 또한 마찬가지입니다. 아이들에게 성은 손, 발, 코와 전혀 다를 것이 없습니다. 방방이의 경우가 바로 여기에 해당합니다. 아이들이 성에 대해 질문하면 피하지 말고 솔직하게 말해 주세요. 거짓말을 하거나 꾸짖어서는 안 됩니다. 먼저 나서서 설명해 줄 필요도 없습니다. 물어보면 그때그때 답해 주면 됩니다. 어떤 내용을 말해 주는지도 중요하지만 말할 때의 감정이나 표정도 중요합니다. 침착하고 진지한 모습을 보여 주세요.

DATE: 7 / 6 /

늘 비교당하는 남매 스트레스

오전에 아이들을 데리고 미용실에 염색을 하러 갔다. 방방이는 미용실 안을 휘젓고 다녔고 땡글이는 앉아서 얌전히 아이스크림을 먹었다. 그때 미용사가 "작은 녀석이 까불고 다닐 줄 알았더니 오히려 큰 녀석이 더 난리네."라고 했다. 방방이는 그 말을 듣고도 별 반응이 없었다. 하지만 곧 가게 안의 다른 사람들도 땡글이가 차분하다며 칭찬하기 시작했다. 한 아주머니는 괜히 방방이를 놀리며 "동생이 있어서 짜증나지?"라고 했다. 그러자 방방이가 "짜증날 것까진 없는데요? 그런데 아빠가 실수로 생겨서 낳을 수밖에 없었대요!" 하고 말했다. 미용실에 있던 사람들은 방방이의 말을 듣고 모두 쓰러졌다.

그제 집에서 가족 모임이 있었을 때도 외할아버지와 외할머니가 땡글이에게 차분하다며 칭찬을 했다. 그러면서 방방이에게는 "동생 좀 보고 배워라. 너 계속 말 안 들으면 동생만 예뻐할 거야." 라고 했다. 이런 식으로 남매를 비교하는 건 좋지 않은데 꼭 주위 사람들한테 비교의 말을 듣고 만다.

육아 코칭: 한 아이의 장점과 다른 아이의 단점을 비교해서는 안 된다

아이에게 비교는 정말 좋지 않습니다. 아이들은 모두 나름의 개성이 있으며 이 세상에 하나뿐인 유일무이한 존재입니다. 한 아이의 장점과 다른 아이의 단점을 놓고 비교하는 건 절대로 해서는 안 되는 일입니다. 물론 장점이 두드러지는 아이들이 있습니다. 하지만 우리 아이들은 모두 저마다의 장점을 가지고 태어납니다. 아이가 가진 장점을 놓치지 않고 발견해 줄 수 있어야 하죠.

특히 둘 이상의 자녀를 둔 가정에서는 큰 아이의 마음을 살뜰히 보살펴야 합니다. "엄마, 아빠는 하나도 변하지 않았고, 너를 정말 많이 사랑한단다."라는 말도 자주 해줘야 하죠. 남들이 하는 말까지 모두 막을 수는 없습니다. 그렇기에 아이들의 마음을 잘 헤아리고 보듬어 줘야 합니다.

DATE: 7 / 12 /

낯선 것이 두려운 방방이

오후에 방방이와 서점에 가서 구연동화 행사에 참여했다. 진행하는 언니가 함께 참여하고 싶은 친구는 손을 들라고 말했다. 그러자 방방이는 뒤로 물러서며 하고 싶지 않다고 했다. 그래서 나는 "하기 싫으면 안 해도 돼. 친구들이 하는 거 지켜보자."라고 했다. 방방이는 그래도 긴장되는 모양이었다. 전부터 남들 앞에 나서는데 거부감을 보였던 방방이는 집에서만은 완전 딴판이다. 종잡을 수가 없다.

육아 코칭: 즐거움을 느낄 때 낯선 것을 좋아하게 된다

해보지 않은 일이나 겪어 보지 않은 일에는 어른들도 거부감이 생깁니다. 익숙하고 편한 것을 좇고 불편한 건 외면하는 것이 인간의 본성이죠. 그 자체에서 오는 즐거움을 느끼게 된다면 낯선 것도 금방 좋아하게 될 것입니다.

이해하지 말고 느껴 보렴 ✏️

방방이와 함께 〈가을 밤〉이라는 아동극을 보러 갔다. 같이 못 가는 땡글이는 뾰로통했다. "엄마, 나도 갈래. 캄캄해도 안 울게." 하고 매달렸지만 전에 연극을 보러 갔을 때 조명이 꺼지고 음악이 울리자 무섭다며 대성통곡을 한 뒤로, 더 크면 데려가기로 마음먹었다. 극장에 가니 사람들이 꽉 들어차 있었다. 이윽고 막이 올라가고 어릿광대가 등장해 춤을 추기 시작했다. 서막 같았는데 방방이는 계속 질문을 해댔다. "왜 아직 시작 안 해? 저건 무슨 뜻이야?" 나는 소리를 낮추라고 한 뒤에 아직 서막이라고 알려 줬다. 춤극이라 그런지 방방이는 생소해하며 계속 궁금한 걸 물었다. "저건 무슨 뜻이야?" 급기야 내가 "춤을 감상해 봐. 춤은 그 자체로 아름다운 거지, 꼭 의미가 있는 건 아니야." 한 후론 아무 소리도 내지 않고 묵묵히 감상했다. 조금 지루해하는 것 같았지만 그래도 끝까지 공연을 봤다.

📖 육아 코칭: 공연을 보다 재밌고 효과적으로 관람하는 법

공연 관람은 아이의 감수성을 키워 주는 좋은 방법입니다. 공연을 선택할 때 아이에게 직접 골라 보게 하는 것도 좋습니다. 그런

뒤 공연에 대한 기본적인 정보를 함께 알아보세요. 알수록 기대감이 생겨 설레게 되고, 공연을 보고 난 후의 감동도 커집니다. 공연에서 무엇을 느껴야 하는지는 정답이 없습니다. 아이가 자연스럽게 접하고 느낄 수 있도록 해주세요.

DATE: 7 / 24 /

공부가 뭔지

방방이에게 문제집을 사주며 매일 두 쪽씩 풀라고 했다. 최근 이것에 불만을 품고 있던 방방이가 오늘 폭발했다. 그럼 동생이랑 엄마는 뭘 하느냐고 따지며 왜 자기만 공부를 해야 하냐고 짜증을 부렸다. 그런 방방이를 보고 남편도 화가 났다. "하루 종일 겨우 두 쪽 푸는 건데, 십 분이면 끝날 일 가지고 하기 싫다고 그러는 거야? 사람은 다 해야 할 일이 있는 거야. 땡글이도 크면 공부할 거고. 공부는 엄마, 아빠를 위해서 하라는 거니? 다 널 위한 거야."

아빠가 화를 내든 말든 방방이는 눈을 부라리며 몹시 성을 냈고 나중에는 자기 할 일조차 팽개쳤다. 그런데도 남편은 애를 붙들고 앉아 문제집을 풀도록 했다. 몇 시간 뒤 방방이한테 가보니 아무 일도 없었다는 듯이 문제집을 풀어 놓고 놀고 있었다.

오후에 기분도 달래 줄 겸 방방이와 함께 빵을 사러 갔다. 방방이더러 먹고 싶은 빵을 전부 고르라고 하자 매우 기뻐했다. 계산

순서를 기다리면서 방방이에게 빵 값을 계산해 보게 했다. 그랬더니 딴소리를 하면서 대답을 피했다. "이 빵 가격이 얼마지? 이 빵은?" 하면서 유도했지만 소용없었다.

📖 육아 코칭: 아이에게 공부를 강조하는 이유를 생각해 봐야 한다

아이라면 누구나 모르는 것에 대한 탐구욕을 갖고 있습니다. 부모가 간섭하거나 재촉하지 않고 적당히 이끌어 준다면 탐구욕은 계속 이어질 것입니다. 그런데 부모는 경쟁에서 살아남게 하기 위해서라는 이유 등으로 아이를 재촉합니다.

어린아이들은 실컷 놀아야 합니다. 너무 시기를 당겨서 지나치게 공부하면, 정작 공부해야 하는 시기에 손을 놓을 수 있습니다. 특히 빵집에 가서 빵 값을 계산해 보게 하는 것처럼, 일상에서 공부로 상호 작용 하는 행동은 주의를 기울일 필요가 있습니다. 아이는 부모와 따뜻하고 즐거운 시간을 갖고 싶은데, 그 시간마저 공부가 끼어들 경우 그 욕구를 충족하지 못할 수 있습니다. 어린아이들이 공부를 하는 이유는 부모와 함께하는 시간이 즐겁고, 공부를 잘하면 부모가 즐거워하기 때문입니다. 그런데 이것이 충족되지 않을 경우 공부하는 동기를 잃게 될 수도 있습니다.

방방이는 공연 관람 매너가 꽝!

저녁에 방방이와 피아노 연주회에 갔다. 출발하기 전에 친구랑 장난치거나 다른 사람이 감상하는 데 피해를 주면 안 된다고 주의를 주니 알겠단다. 연주회가 시작되자 연주자 두 명이 우스꽝스럽고 과장된 몸짓으로 어린 관중들을 웃겼다. 방방이도 웃긴지 연신 깔깔대고 웃으면서 옆에 앉은 친구와 우스꽝스러운 표정을 지었다. 아동을 대상으로 한 연주회라 매너에 집착하지 않아도 됐지만 방방이는 도가 좀 지나쳐 소리를 낮추라고 했다. 급기야 계속 큰 소리로 떠들면 나가겠다고 협박해야만 했다. 방방이는 연주회가 끝나고 집에 돌아가는 길에도 친구랑 큰 목소리로 웃고 심하게 떠들었다. 조용히 시켜도 영 말을 듣지 않았다.

 육아 코칭: 아이가 규칙을 지키는 이유

어른도 그렇지만 아이들은 '이치'에 따라서 특정 행동을 반복하는 것이 아니라 행동을 하면 따라오는 긍정적인 정서적 경험 때문에 특정 행동을 반복합니다. 장난감을 치워야 하니까 치우는 것이 아니라 이에 따르는 칭찬과 같은 보상 때문에 장난감을 치우는 것처럼 말이죠. 따라서 아이에게 규칙을 지키게 하고 싶다면 이를 지

켰을 시 따르는 정서적 경험을 만족시켜 주세요. 규칙을 너무 엄격하게 강조해서도 안 됩니다. 이럴 경우 규칙을 요구하는 사람 앞에서는 규칙을 지키고 없을 때는 반대의 행동이나 왜곡된 행동을 보일 수 있습니다.

남매 싸움, 어떻게 대처해야 할까?

저녁에 방방이가 장난감 기타를 꺼내더니 마구 쳐댔다. 너무 시끄러워서 못 치게 했다. 잠시 후 집이 너무 조용해서 들여다보니 방방이가 선생님이 되어 동생에게 기타를 가르치고 있었다. 그 모습이 꽤나 그럴싸했다. 방방이가 "자, 쳐보세요. 맞아요. 그렇게 하면 돼요." 하면 땡글이는 "네. 알겠어요." 하며 고분고분 누나의 지시를 따랐다. 한동안은 재미있게 선생님 놀이를 하더니 땡글이가 지겨워졌는지 누나의 지시를 거부했다. 그러자 싸움이 일어났다. 땡글이가 씩씩거리며 다가와 "누나가 발로 내 머리를 찼어!" 하고 일러바쳤다. 아픈지 물으니 아프지는 않단다. "왜 누나가 발로 찼는데?" 하니 "누나가 발로 찼다니까." 이 말만 반복했다. "누나도 일부러 그런 건 아니겠지. 너랑 장난치다 그런 거 아냐?" 하며 다독이는데 방방이가 다가오더니 "쟤가 먼저 때렸어!" 한다. 역시 평화는 오래가지 못한다.

148

티격태격하고, 싸우고, 일러바치는 건 아이들의 자연스러운 모습이죠. 이때 엄마의 신중한 태도가 무엇보다 중요합니다. 아이들의 고자질을 곧이곧대로 믿지 마세요. 심판이 되어서도 안 됩니다. 아이의 말을 끊거나 "그건 네가 잘못한 거야."라는 식으로 충고를 해서도 안 됩니다. "뭐 이런 걸로 싸우니?" 식의 말도 아이에게 상처를 주죠.

부모는 싸움이 과격해지는 것을 막고 아이의 말에 귀 기울여 주는 사람이 되어야 합니다. 그리고 공감해 줘야 하죠. 어른의 시선에서 아이들을 억지로 화해시키거나 해결책을 제시해서는 안 됩니다. 아이들이 바라는 것은 내 마음이 어떠한지 알아주는 것입니다. 형이니까 참고, 동생이니까 대들면 안 된다거나, 둘 다 혼나야 한다는 식의 표현은 아이들의 자존감을 떨어트리고 형제자매 간의 갈등을 부추길 수 있습니다.

DATE: 8 / 1 /

아이들과 박물관에 간 날

아이들과 박물관에 갔다. 박물관이 처음인 땡글이가 어두운 전시실에 겁을 먹을까 걱정했다. 하지만 처음에만 아빠에게 안겨 있고 적응이 되자 전시물에 관심을 보이며 내려 달라고 했다. 방방이는 박물관 해설사를 따라다니며 열심히 설명을 들었다. 지난번에 박물관에 왔을 때는 설명을 들을 생각조차 않더니 장족의 발전이다.

박물관 관람이 끝난 후 밥 먹는 자리에서 아이들에게 무엇이 가장 재미있었는지 물었다. 그러자 방방이가 "어떤 큰 항아리는 다 깨져서 풀로 붙였대!" 하며 신나서 대답했다. "신기했어?" 하고 물으니 그렇단다. 땡글이에게도 물으니 재미있었단다. 박물관에 관심이 없을 줄 알았는데, 의외로 좋아해서 뿌듯했다.

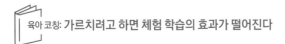

육아 코칭: 가르치려고 하면 체험 학습의 효과가 떨어진다

체험을 통해 감각으로 정보를 받아들이는 아이들에게 체험 학습은 대단히 효과적입니다. 지적 호기심을 자극하여 스스로 공부하는 습관을 길러 주죠. 배우는 것이 즐거우면 더 알고 싶어집니다. 하지만 너무 학습적인 측면만 강조하면 체험 학습은 따분하고 재미없어집니다. 하나라도 더 가르치려고 하기보다 아이와 교류하며 즐기는 시간으로 만들어 줄 때 체험 학습 효과가 올라갑니다. 이 시기의 아이들에게는 너무 많은 요구를 해서는 안 됩니다. 참여하는 데 의의를 둬야 하는 거죠.

도대체 영어 수업이 왜 듣기 싫니?   🖉

땡글이를 영어 학원에 데려갔다. 학교에 들어가기 전에 미리 배워 두면 좋을 것 같아 등록하였는데, 수업을 듣지 않겠다며 강력하게 거부했다. 낯선 원어민 선생님이었기 때문이다. 교실 밖에서는 다른 선생님이 시키는 말에 꼬박꼬박 대답 잘 하다가 교실에만 들어가려고 하면 딴전을 피웠다. 어르고 달래며 들이밀어 보았지만 교실에서 뛰쳐나왔다. 왜 그러는 거냐고 물으니 "싫다면 싫은 거야."란다. 땡글이 대신 엄마가 수업 들어야겠다고 말하니 빨리 들어가라며 나를 밀었다. 일부러 교실에 들어가 앉으니 거울로 그 모습을 보며 웃고만 있을 뿐이다. 실장님은 원어민 선생님에게 거부감을 느끼는 것 같다며 익숙해지면 괜찮아질 거라고 했다. 정말 까다로운 아이다.

📖 육아 코칭: 서두르지만 않으면 모든 문제는 해결된다

부모가 서두르지만 않으면 아이가 안고 있는 문제는 금방 해결됩니다. 반대로 서두르고 재촉할수록 문제는 더 심각해지죠.

가르치려는 아빠 vs. 싫은 아이 ✎

학교에서 배울 것을 대비해 방방이에게 미리 구구단을 가르치고 있다. 잘하다가도 때때로 딴전을 피워 화를 내게 된다. 오늘 선생님은 남편이었다. 4단을 가르치는데 역시나 방방이는 집중하지 못했다. 심지어 앙탈을 부리고 징징거리기까지 했다. 화가 난 남편이 소리를 질렀다. "너 왜 그래. 왜 이렇게 집중을 못해?" 방방이는 울음을 터뜨렸고 한 시간 동안 계속된 두 사람의 실랑이는 안 좋게 끝났다.

저녁에 두 사람은 서로를 고자질했다. 남편은 방방이의 태도가 나쁘다고 했고, 방방이는 아빠가 너무 엄하다고 했다. 난 방방이에게 이런 말을 했다. "더 열심히 해야지. 빨리 외우면 나머지 시간에 다른 거 할 수 있잖아. 원래 잘했잖아?"

📖 육아 코칭: **부모 중 한 명은 아이를 보듬어야 한다**

아이는 어려움에 맞닥뜨렸을 때 변치 않는 존재(일반적으로 엄마)에게 정서적으로 의지하고 싶어 합니다. 아이가 어릴 때는 직접적인 도움을 필요로 하지만, 클수록 정서적인 지지를 필요로 하죠. 방방이가 아빠를 고자질한 것도 엄마의 위로를 받고 싶었기 때문입니다. 아이를 보듬어 주세요. 앞으로 어려움을 헤쳐 나가는 데 필요한 능력이 저절로 길러집니다. 그러니 아이에게 잔소리를 하기 전에 따뜻한 지지부터 보내 주세요.

똑같은 그림만 그리는 아이, 괜찮은 걸까?

미술 학원에 간 방방이를 데리러 갔다. 손에 들린 그림을 보니 지난 주와 마찬가지로 토끼가 주인공이었다. "왜 또 토끼를 그렸어?" 하니 방방이가 말대꾸를 했다. "내 맘이지. 엄마는 상관 마."

방방이와 같이 계단을 내려가면서 토끼 그림에 대해 또 물었다. 그러자 방방이는 "난 토끼가 좋단 말이야." 하고 대답한다. 계속 토끼만 그려서 상상력이 부족하거나 익숙해서 그런 줄 알았는데, 다시 그림을 살펴보니 그림의 구도와 색깔이 저마다 달랐다. 정말로 토끼를 좋아해서 계속 그렸나 보다.

육아 코칭: 결점은 지적할수록 심해진다

아이에게 여지와 기회를 줄수록 스스로 하는 능력과 상상력이 커집니다. 부모가 나서서 대신 해줄수록 아이는 아무런 발전도 하지 못하죠. 만약 아이의 특정한 태도가 마음에 들지 않거나 행동을 개선시키고 싶다면 바라는 행동이나 모습을 말해 주세요. 지적하는 방식은 아무런 효과가 없습니다. 실제로 부모가 아이의 결점을 지적할 경우 결점이 사라지기는커녕 더 심해진다는 사실이 여러 연구를 통해 밝혀지기도 했습니다.

DATE: 8 / 14 /

부모의 공부 타령에 지치진 않았을까?

아침 식사 시간에 아이 둘 다 먹는 게 시원치 않자 할머니가 한소리를 했다. "잘 먹어야 이따 나가서 놀지." 그러자 방방이가 "그럼 우리 쇼핑 가자!" 하고 외쳤다. 그때 남편이 방방이에게 오늘 숙제를 했는지 물었다. "너 매일 두 쪽씩 문제집 풀어야 하는 거 잊지 않았지? 그거 안 하면 못 가." 할머니가 아이들 편을 들어 주었지만, 남편은 대단히 강경했다.

그 모습을 지켜보던 나는 숙제는 재밌게 놀다 와서 해도 되는 거 아니냐며 남편을 설득했다. 일기를 쓰다 보니 내가 너무 공부 타령만 하고 있었다. 아이들에게 너무 미안해졌다. 이를 계기로 하루쯤 공부 좀 건너뛴다고 큰일 나지 않는다고, 습관은 그리 쉽게 사라지는 게 아니라고 생각을 고쳐 먹었다. 내 설득에 결국 남편은 아이들에게 할머니와 함께 나가서 놀다 오라고 했다. 얼마나 재밌게 놀았는지 집에 들어오는 아이들 표정이 싱글벙글이다. 집에 와서는 감자튀김을 먹으며 휴식을 취했다. 그런데 갑자기 시키지도 않았는데 방방이가 수학 문제를 풀고 있는 것이 아닌가. 그 모습이 대견하기도 하고 짠하기도 하며 묘한 감정이 들었다.

육아 코칭: 공부보다 행복한 마음이 더 중요하다

계획에 지나치게 집착하는 태도는 아이와의 관계에 악영향을 주고 아이에게 좌절감을 느끼게 할 수 있습니다. 꼭 계획을 세워야겠다면 쉽고 단기간에 끝낼 수 있는 것으로 선택해야 합니다. 그래야 아이에게 자신감을 심어 줄 수 있습니다. 무엇보다 공부에 관심을 기울이는 것도 중요하지만 아이가 행복한지 마음을 보살피는 것이 더 중요합니다. 또 아이에게 뭔가를 제안하려고 한다면 엄마, 아빠의 마음이 차분할 때 하는 것이 좋습니다.

DATE: 8 / 17 /

3주 만에 드디어 영어 수업에 들어가는 데 성공하다!

3주간 교실 밖에서 놀면서 수업을 거부하던 땡글이가 드디어 교실에 들어갔다. 오늘은 평소보다 일찍 도착하여 친구와 함께 교실에서 기차놀이를 하였다. 그런데 수업이 시작하고 원어민 선생님이 들어왔는데도 자리를 지키는 것이 아닌가. 선생님은 땡글이의 얼굴을 응시하며 인사를 했다. 땡글이는 이내 고개를 푹 숙이고 말았지만, 선생님의 과장된 표현에 관심을 보이며 수줍은 미소를 지었다. 10분이 지나자 선생님에게 영어로 말을 걸며 적극적으로 수업에 참여하기 시작했다. 실장님은 창 밖에서 땡글이를 향해 연신 엄지를 세워 들어 보였다. 3주 전만 해도 교실에 절대 들어가지 않겠다던 아이가, 내가 성급하게 굴지 않고 기다려 주니 결국엔 변화를 보였다.

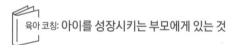

육아 코칭: 아이를 성장시키는 부모에게 있는 것

아이들이 성장하는 데 있어 '따뜻한 지지'보다 더 중요한 것은 없습니다. 서두르지 않고, 재촉하지 않고, 꾸짖지 않고, 체벌하지 않고, 강요하지 않아야 하는 것이죠. 이를 위해서는 부모의 정서가 안정되어야 합니다. 따뜻한 지지에는 부모의 믿음이 담겨 있습니다. 아이가 해낼 수 있다는 믿음, 잘 배울 수 있다는 믿음 말입니다.

부모는 아이를 위해서만 살아야 할까?

출장 8일차. 오늘은 비행기를 계속 갈아탔다. 동행한 동료들과 서로 사진을 보여 주며 아이들 이야기를 했다. 그러다 보니 정말로 아이들이 보고 싶어졌다. 한 동료는 하루만 아이를 안 봐도 가슴이 허전하다고 했다. 다른 동료는 아이 얘기를 하다가 얼굴을 파묻고 울었다. 나도 마음이 좀 허전했다. 하지만 나는 원체 감성적인 스타일이 아니다.

남편은 평소 자기는 아이를 '사랑하기 때문에 사랑'하지만 나는 '책임감 때문에 사랑'하는 것처럼 보인다는 말을 자주 했었다. 사실 내게는 믿음이 있다. 엄마인 내가 잘 지내면 아이들도 내 모습에 영향을 받을 것이라는 생각이다. 부모라고 해서 오롯이 아이만을 위해 살아야 하는 것은 아니다. 먼저 스스로의 삶을 살아야 하지 않을까. 하지만 때로는 갈등이 되는 게 사실이다. 지금은 애들이 너무 어려서 이걸 이해할지도 의문이다. 그래서 내가 아이들의 교육 문제에 대해 더 예민하게 받아들이고 신경 썼던 것인지도 모르겠다. 물론 지금도 여전히 관심이 많지만, 예전만큼 아이들에게 강압적으로 강요해야겠다는 생각은 버리게 되었다. 일기를 통해 공부 문제로 아이와 다툼하는 내 모습을 보게 되니 그리 좋아 보이진 않았다. 무엇이 정답인지 알 수 없지만, 아이와 싸우는 엄마보다 사이 좋은 엄마가 되고 싶다.

사랑의 크기보다는 사랑을 전하는 방법이 더 중요합니다. 아이가 어릴 때는 직접적이고 구체적으로 사랑을 표현해야 하죠. 말 그대로 아이를 품어 줘야 합니다. 하지만 아이가 크면 품에서 내려놓고 잘못을 고쳐 주며 새로운 것들을 경험시켜야 합니다. 그리고 더 크면 아이를 밀어내어 독립된 개체로서 비바람을 맞게 해야 합니다. 이때 부모는 등대와 항구 역할만 해도 충분합니다.

하지만 부모 스스로 성숙하지 못한 경우, 자신의 필요를 전제로 아이에게 모든 사랑을 쏟아붓습니다. 하나부터 열까지 보살펴 주는 게 바로 그 예죠. 하지만 이것은 스스로의 불안을 해소하려는 마음에 불과합니다.

아이에게 사랑을 적극적으로 쏟지 않는다고 해서, 부모지만 자식을 소중히 여기지 않는다고 해서 마음에 죄책감을 느낄 필요는 전혀 없습니다.

DATE: 9 / 13 /

너무 안달하지 않아도 스스로 성장하는 아이들

휴가로 땡글이가 2주 동안 영어 학원을 쉬고 오랜만에 다시 등원했다. 살짝 걱정했던 것과 달리 땡글이는 씩씩하게 교실에 들어가 원어민 선생님과 인사를 나눴다. 그러더니 영어 단어도 따라 말하고 게임도 곧잘 했다. 중간에 또 바닥에 드러눕기는 했지만 제일 열심히 영어 단어를 말했다. 유치원과 영어 학원을 다니면서 땡글이의 집중력이 전보다 좋아진 것 같다. 수업 듣는 중에는 평소보다 그나마 '침착'하다. 방방이도 2학년에 올라가서는 집에 오자마자 숙제를 한다. 정말 많이 발전한 것 같다.

육아 코칭: 아이는 부모의 얼굴 표정으로 자신을 평가한다

아이는 부모의 얼굴을 보고 스스로를 평가합니다. 부모가 즐거워 보이면 스스로 잘했고 사랑받고 있다고 생각하지만 부모가 인상을 찌푸리고 있으면 자기가 잘못해서 미움을 받고 있다고 생각하죠. 아이에게 가장 쉽게 줄 수 있는 선물은 바로 부모의 밝은 얼굴입니다. 아이들은 단점보다 장점이 훨씬 많습니다. 부모가 아이의 장점에 더 많은 관심을 기울이고 즐겁게 지내다 보면 그 장점은 점점 더 극대화될 것입니다. 그렇게 아이는 다재다능해져 갑니다.

"성적이 아닌 아이의 성장을
볼 수 있게 되었어요."

고작 90일 동안 일기를 쓴다고 해서 무엇이 달라질까, 처음에는 솔직히 믿지 않았습니다. 짧게 몇 줄만 써도 된다고 했지만 일기를 쓰는 일도 쉽지 않았습니다. 하지만 날이 거듭될수록 일기를 쓰지 않으면 무언가 해야 할 일을 하지 않은 듯한 찜찜한 기분이 들었습니다. 무엇보다 일기를 쓰다 보니 아이를 좀 더 유심히 관찰할 수 있습니다. 저절로 아이의 매 순간을 오롯이 눈에 담을 수 있었죠. '아, 우리 애들이 언제 이렇게 컸지?' 어느새 훌쩍 커버린 아이들을 보며 가슴이 찡해 오기도 했습니다. 일하느라 아이들이 크는 모습을 너무 놓친 것 같아 아쉽기도 했습니다. 그래서 일기를 쓰며 떠올린 아이들의 모습에 절로 미소가 지어지고 행복했습니다.

하루 동안 쌓인 생각과 마음도 정리할 수 있어 좋았습니다. 당시에는 너무나도 화가 나고 분했던 일들도 조금만 시간이 흐르면 아무것도 아닌 일이 되더군요. 무엇보다 선생님의 조언이 많은 도움이 되었습니다. 구체적인 팁을 얻기도 했지만, 마음의 평안을 얻을 수 있었습니다. 그랬더니 자연스레 문제도 해결됐죠.

사실 육아일기 쓰기 프로젝트는 아이가 아닌 부모를 변화시키는 게 목적이 아닌가 합니다. 90일이 지난 지금 저의 생각이 많이 달라졌기 때문입니다. 작지만 마음의 변화를 행동으로 드러내니 아이들도 변해 가더군요. 정말 놀라웠습니다. 강박과 같았던 교육열을 조금 내려놓으니 마음도 한결 평안해졌습니다. 이 프로젝트에 참여하게 된 건 저와 제 아이들에게 큰 행운이었다고 생각합니다.

"교육보다는
관계가 우선이에요."

일기를 보면 알 수 있지만 이 프로젝트에 참여한 방방이, 땡글이 엄마는 대단히 이성적이고 객관적인 시야를 가지고 있습니다. 하지만 일기를 읽다가 이런 의문이 떠올랐습니다. 그녀는 객관적인 시선으로 사실 그대로를 일기에 썼다지만 일기에 적힌 것이 진짜 아이들의 모습일까요? 그리고 다른 사람이 보는 아이들의 모습은 엄마의 생각과 같을까요?

우리가 보는 세계는 진짜가 아니라고 합니다. 예를 들어 우리 눈에 보이는 빨간 꽃과 초록 나뭇잎은 두뇌가 만들어 낸 영상일 뿐이라는 거죠. 꽃과 나뭇잎 자체에는 색이 없답니다. 다시 말해, 색깔은 객관적으로 존재하는 것이 아니라 빛에 반사돼 그렇게 보이는 것일 뿐이죠.

마찬가지로 감성적이든 이성적이든 일기에는 엄마의 시선에서 바라본 아이의 모습이 나타납니다. 하지만 내가 본 아이와 남이 본 아이는 다릅니다. 그리고 그 두 모습 모두 아이의 본래 모습이 아닐 수도 있습니다. 내가 본 아이는 바로 내 마음속의 아이고, 아이에 대한 묘사는 곧 내 내면의 묘사이기도 합니다. 일기를 통해 엄마가 아이의 모습을 묘사하는 듯하지만 사실 자신의 속마음을 드러내는 것과 마찬가지인 것이죠.

일기는 가장 객관적으로 자신의 생각과 아이를 향한 속마음을 알아보는 계기가 되어 줍니다. 자연히 나의 육아 방식도 객관적으로 들여다보게 되죠. '내가 이렇게 했을 때 아이가 이렇구나, 나는 이런 감정을 느끼는구나, 그리고 그 결과는 이러하구나.' 하고 말입니다. 스스로를 객관적으로 바라볼수록 그만큼 생각과 행동이 달라질 확률은 높아지겠죠.

마지막으로 방방이, 땡글이 엄마처럼 교육에 관심이 많은 분들을 위해 이야기하고 끝맺고자 합니다. 물에 알코올을 타면 술이고 물에 산을 타면 식초라는 건 일반적인 상식입니다. 술이든 식초든 주요 성분은 바로 물이라는 뜻이죠. 교육을 술이나 식초에 비유한다면 관계는 절대 비율을 차지하는 물이라고 할 수 있습니다. 교육의 기초이자 교육 자체보다도 더 우선시 되어야 하는 것이죠. 앞에서도 이야기한 적 있지만, 어린아이들이 공부하는 대부분의 이유는 부모의 칭찬과 기뻐하는 표정 때문입니다. 오늘 학습지에서 몇 개 틀렸는지, 책은 몇 권 읽었는지, 글자 쓰기는 잘했는지, 이런 것들로만 아이를 평가하지 말아 주세요. 공부 하나 더 가르치려고 하다가 관계만 어긋나며 아이의 자존감마저 낮아집니다.

교육의 기초가 관계라면, 공부에서 최고의 스승은 흥미라고 할 수 있습니다. 아이가 무언가에 흥미를 보이면 열심히 가르쳐 주어 궁금증을 해소해 줍니다. 이것이야말로 진정한 의미의 교육이라고 할 수 있습니다. 흥미가 있으면 아이는 공부할 마음이 생기고 순조롭게 받아들이며 결과적으로 질적인 성장을 거두게 됩니다. 공부에 대한 흥미를 높이는 것이 유일한 해결 방안이자 지름길인 것이죠.

6장

차갑고 냉정한 엄마,
징징거리는 아이

다수 엄마의 일기

왜 이렇게 아이가
징징거릴까요?

　만 세 살 무렵이 되면 아이들은 호기심이 넘쳐납니다. 하고 싶은 것도 많아지죠. 더욱이 자아가 발달하면서 고집이 세집니다. 하지만 주어진 상황과 행동은 뜻대로 되지 않습니다. 이럴 때 아이들이 쓰는 방법이 바로 떼쓰기입니다. 너무나도 자연스러운 발달 과정상의 행동인 거죠. 물론 시도 때도 없이 고집 피우는 아이를 상대하기란 쉽지 않습니다. 오냐오냐 다 들어주면 안 된다는 생각에 하루에도 몇 번씩 아이와 기 싸움을 벌이게 됩니다. 이때 아이의 버릇을 고쳐야겠다는 생각으로 접근해서는 안 됩니다. 아이가 떼를 쓴다는 것은 무언가 욕구가 발생했다는 뜻입니다. 그 욕구가 무엇인지 알아내어 가능한 한 들어주려는 태도를 보여야 합니다. 만약 허락할 수 없는 것이라면 왜 안 되는지를 충분히 설명해 줘야 합니다. 그리고 아이가 떼쓰는 이유가 화가 나서라면 "화가 나요."라고 말할 수 있도록 다른 방법을 알려 줘야 합니다.

그러나 유독 떼쓰며 징징거리는 아이가 있습니다. 이 경우 감정 조절 능력이 나이에 비해 발달이 덜 되었거나, 훈육 방법의 문제일 수 있습니다. 만약 이도 아니라면 정서적인 문제가 원인일 수 있죠. 의사표현 능력이 부족한 아이들은 부모의 관심을 필요로 하거나 본인이 원하는 것이 이루어지지 않았을 때 떼를 씁니다. 이를 다르게 표현할 방법을 모르기 때문입니다. 또 어린이집에 다니기 시작하는 등 정신적인 스트레스를 받을 경우에도 떼를 쓰죠. 부모가 잘못된 방식으로 아이를 대할 때 역시 이를 부추깁니다.

이번에 육아일기 쓰기 프로젝트에 참여한 다수 엄마는 틈만 나면 떼를 쓰며 우는 아이 때문에 짜증이 나 있었습니다. 다른 신발을 신고 싶다며 울고, 주스를 쏟았다고 울고……, 별것 아닌 일에도 울며 고집을 피우는 통에 스트레스가 이만저만이 아니었죠. 그런데 프로젝트를 진행할수록 다수 엄마는 아이에게 미안해졌습니다. 도대체 무슨 일이 있었던 걸까요?

90일간의 육아일기

아이 : 다수, 만 네 살 여자아이
부모 : 차갑고 무서운 엄마

DATE: 6 / 20 /

똑같이 당해 봐야 알지

잠자리에서 그림책을 읽어 준 뒤 "엄마가 오늘은 컨디션이 좋지 않아. 그러니 한 권으로 만족하렴." 하고 말한 뒤 등을 돌려 누웠다. 그러자 다수가 화가 났는지 갑자기 내 등을 퍽 하고 내리쳤다. 나는 아픔과 화를 억누르고 복수의 의미로 아예 무시했다. 그런데 갑자기 손톱으로 확 꼬집는 게 아닌가. 아픈 것은 둘째 치고 짜증이 났다. 등을 돌려 아이의 허벅지 안쪽을 꼬집고는 안 아프냐고 물었다. 다수는 얼이 빠져서 날 바라보더니 "앙!" 하고 울음을 터뜨렸다. "엄마도 네가 꼬집으면 아프고 화나. 넌 엄마가 몸이 안 좋다는데……." 한참을 말하는데 다수는 듣지도 않고 눈물만 짜고 있었다. 난 더 화가 나서 잔소리를 늘어놓고 말았다. 다시 눕자 마음이 가라앉았다. 나는 다수에게 말했다. "네가 꼬집으면 몸도 아프지만

168

마음이 더 아파. 하지만 엄마는 다수를 사랑하니까 용서해 줄게!"
아마도 다수는 마지막 말만 알아들은 것 같다. 나를 보고 눕더니
내 머리를 감싸 안았다. 목이 메는 듯한 목소리로 "엄마, 용서해 줘,
내가 잘못했어."라는 말을 계속 되뇌었다.

 육아 코칭: 아이에게 상처 주는 훈육법

어른이 아이와 똑같은 방식으로 대처할 경우, 아직 성숙하지 못
한 아이는 자신이 왜 이런 대우를 받는지 이해하지 못합니다. 오히
려 아이에게 상처만 주는 훈육 방식이죠. 이 시기 아이들은 감정이
세분화되는 데 반해 감정을 표현하는 어휘는 아직 다양하지 못합
니다. 또 자신의 호기심과 욕구는 커지는데 능력이 제한되는 탓에
종종 화가 납니다. 아이가 때리는 이유를 알아차려 주세요. 그리고
자신의 감정을 폭력이 아닌 말로 표현할 수 있도록 아이의 감정을
말로 풀어 주세요. "네가 ~해서 속상했구나."처럼요.

DATE: 6 / 22 /

또 매를 들다

오후에 다수와 함께 친정집에 갔다. 사촌 여동생이 곧 결혼을 하

기 때문이다. 다수는 친척들을 만난다는 생각에 계속 들떠 있었다. 그러다 결국 집을 나설 때 신발을 고르는 문제로 큰 소리가 났다. 옷에 맞게 신발을 준비해 놨더니 굳이 분홍 리본이 달린 빨간 신발을 신겠다고 떼를 쓰는 게 아닌가. 계속 안 된다고 하니 들고 가겠다고 우겼다. 아무리 말해도 내가 들어줄 기미를 보이지 않자, 다수는 분통을 터뜨리며 제일 아끼는 신발을 땅에 내팽개쳤다. 나도 참을성에 한계가 와서 그만 아이를 때리고 말았다.

육아 코칭: '고작' 한두 번은 괜찮을까?

미국 툴레인 대학에서 2,500명의 엄마와 아이를 대상으로 연구한 결과, 세 살 무렵부터 두 차례 이상 맞은 아이는 이후 공격성이 50퍼센트 높아졌음이 밝혀졌습니다. 그만큼 고작 한두 번일지라도 아이에게 부정적인 영향을 장기적으로 미칠 수 있는 것이 폭력을 통한 훈육입니다.

DATE: 6 / 24 /

엄마 없이도 괜찮은 아이, 아이 없이는 불안한 엄마

다수를 친정집에 맡겼다. 맡기고 나오면서 만세를 부르며 환호

성을 질렀다. 오늘만큼은 느긋하게 잠도 잘 수 있고, 밤새 아이 이불 챙기느라 깨지 않아도 되며 화장실에 데려가지 않아도 된다. 하지만 매번 아이를 친정에 맡길 때마다 밤새 잠을 설친다.

친정에 전화를 거니 오늘 하루 종일 나가서 놀았다고 한다. 실컷 놀았다는 다수는 나와 통화하는 몇 분이 지겨운지 또 나가서 놀고 싶어 했다. 왠지 모르게 오늘 다수가 부쩍 큰 느낌을 받았다. 나 없이 잘 지내는 걸 보니 엄마는 대체 불가능한 존재가 아닌가 보다. 다수의 성장세가 무섭다. 나는 아직 준비가 안 됐는데 말이다.

육아 코칭: 육아의 마지막은 아이를 떠나 보내는 것이다

'공소증후군空巢症候群'이란 말이 있습니다. '빈 둥지 증후군'과 유사한 용어로, 주부들이 남편과 자식이 자신의 곁을 떠났다고 느끼며 정체감의 상실과 공허함을 느끼는 것을 말합니다. 부모로서의 역할에 과도하게 몰입하거나 변화 자체를 힘겨워하는 성향일수록 이런 증상을 겪을 확률이 높아진다고 합니다. 아이는 앞으로 계속 성장해 나갈 것입니다. 육아란 아이를 멀리 내보내 성장할 여지를 만들어 주는 게 아닐까 합니다. 물론 여기에는 상당한 용기가 필요하죠.

팔불출 엄마는 되고 싶지 않아

사촌 여동생의 결혼이 끝난 후, 친정에서 사촌 여동생 부부, 사돈네 식구들과 함께 저녁 식사를 했다. 식사 자리에서 사돈 쪽 어머니가 다수를 보고 분위기 있다고 말했다. 애가 별로 안 예쁘니까 분위기 있다는 말로 돌려 표현한 것 같았다.

여자아이라서 외모에 관심이 많을 텐데 나는 계속 다수의 외모를 깎아내리고 있다. 어렸을 때 다수에게 "너 못생겼어." 하면 그래도 엄마는 예쁘다고 말해 줬는데, 지금은 엄마가 못생겼고 자기는 예쁘단다. 세상 모든 엄마 눈에는 자기 아이가 가장 예쁠 테지만 나는 내 아이의 외모를 객관적으로 평가하고 싶다.

육아 코칭: 외모가 사람을 판단하는 기준이 됨을 가르쳐서는 안 된다

간혹 부모 중에 "내 새끼지만, 저는 냉정하게 평가할 거예요."라고 말하는 사람들이 있습니다. 외모에 대한 기준은 절대적이지 않습니다. 시대에 따라 미의 기준이 달라지는 게 바로 그 증거죠. 그런 잘못된 기준을 내 아이에게 적용할 필요는 없습니다. 더욱이 아이들은 크면서 자연스럽게 외모에 대한 사회적 압박에 노출됩니다. 따라서 내 아이든, 다른 사람이든 외모로 평가하는 것은 좋지

않습니다. 외모가 사람을 판단하는 기준이 된다는 것을 은연중에 가르칠 수 있기 때문입니다. 외모와 관련된 별명 또한 조심해야 합니다. 아이는 존재 그 자체만으로도 자랑스럽고 특별한 존재입니다. 이것을 아이에게도 알려 주어 아이가 건강한 자존감을 형성할 수 있도록 도와야 합니다.

DATE: 7 / 2 /

버릇없는 건 못 참아

최근 며칠 다수가 외할머니에게 버릇없이 군다는 걸 눈치챘다. 오후에 친정 엄마와 치과에 가는 김에 유치원에 들러 다수를 데려왔다. 길에서 다수는 "엄마, 나 치킨 먹고 싶어. 우리 언제 사러 가?" 하고 물었다. 이에 친정 엄마가 대답했다. "이따가 집에 가서 엄마랑 사러 가." 그러자 다수가 성질을 부리며 소리를 질렀다. "할머니는 말하지 마! 할머니한테 물은 거 아냐!" 이 말을 듣고 나는 너무 화가 나 얼른 할머니께 죄송하다고 사과하라고 했다. 다수는 어떻게 사과해야 하는지, 또 무슨 말을 해야 하는지 모르겠다며 회피하려고 했다. 운전 중이라 더 이상 이야기를 못하고 아파트 주차장에 도착하자마자 다시 할머니에게 사과하라고 했다. 아까 너무 버릇없고 예의 없는 행동이었다며 말이다. 하지만 다수는 끝까지 모른 척했다. 이에 벌로 치킨을 못 먹게 했다. 그랬더니 주차장이 떠나가라

울기 시작했다. 목 놓아 우는 다수를 보며 지나가는 사람마다 쳐다 봤다. 순간적으로 "너 이렇게 말 안 듣고 정말 엄마한테 맞아 볼 테 야?" 소리를 빽 지르고 말았다. 아이가 두려움에 눈물을 뚝뚝 흘렸 다. 순간적으로 미안한 마음이 들었지만, 분노가 사라지질 않았다.

육아 코칭: 아이를 때리면 정말 화가 풀릴까?

심리학에서는 부정적인 정서의 원인을 만족감을 얻지 못한 데 서 찾습니다. 화가 난다고 해서 폭력을 휘두르면 감정은 더 엉망이 될 뿐입니다. 애를 때릴수록 더 화가 나는 것이죠. 감정을 조절하 고 싶으면 자신이 진정으로 원하는 것이 무엇인지 분명하게 알고 행동으로 옮겨야 합니다.

네 살짜리 아이는 '사과'라는 말의 속뜻을 모릅니다. 아이가 한 행동은 부모의 행동을 모방했을 가능성이 높습니다. 그게 아니라 면 폭력에 물든 것인지도 모릅니다.

감정이 통제되지 않고 분노가 치밀어 오를 때는 화가 나는 상황 을 이해하고 인정하는 게 우선입니다. 우리 뇌는 화가 난다는 것을 인지한 것만으로도 진정되는 효과가 있습니다. 왜 그렇게 화가 났 는지 생각해 보세요.

아이에 대한 기대감을 낮추는 것도 중요합니다. 애지중지 온갖 정성을 쏟아 키우는 만큼 기대감이 커지게 마련이죠. 그런데 어른의 기대 수준에 맞출 수 있는 아이가 몇이나 될까요? 이를 인정할수록 실망도 줄어들고 화낼 일도 줄어듭니다. 또 부모가 아이의 실수나 잘못을 자신의 책임이라고 생각할 때도 감정은 동요합니다. 아이란 실수하는 존재라고, 자기 탓이 아니라고 생각할수록 감정 조절은 쉬워지죠.

DATE: 7 / 12 /

작은 잘못에도 소스라치게 사과하는 아이

아이와 단 둘이 아동극을 보러 갔다. 차를 탄 지 얼마 지나지 않아 다수가 "엄마, 나 주스 마실래."라고 했다. 운전 중이라 요구를 들어주지 않았더니 1분 간격으로 "엄마, 나 주스 마실래." 하고 독촉했다. 최근에 다수는 내가 말을 들어주지 않으면 울거나 떼를 쓰는 대신 내가 응할 때까지 묻고 또 묻는다. 다섯 번째 주스 얘기를 했을 때 나는 결국 백기를 들고 차를 길가에 세웠다. 주스를 꺼내주자 그제야 조용해졌다. 다시 극장을 향해 가는데 다수가 이번엔 "엄마야, 엄마! 주스 쏟았어. 옷이 다 젖어 버렸어!"라고 외쳤다. 다시 급히 차를 세워 보니 다수의 치마가 전부 주스로 젖어 있었다. 치마와 속옷은 물론, 카시트와 방석까지 축축히 젖어 있었다. 내가 화를 내기도 전에 다수가 울기 시작했다. "엄마! 우리 집에 가자. 가서 옷 갈아입을래. 내가 잘못했어." 예전 같으면 '지금 뭘 잘했다고 울어?' 하는 생각이 먼저 들었을 텐데 지금은 마음이 아프다. 내가 옷이 더러워졌다고 화내는 게 얼마나 무서웠으면 이런 반응을 보일까? 이런 생각이 드니 화도 나지 않고 오히려 침착해졌다. 일기 속에 나는 세상 나쁜 엄마였다. 해야 하는 일, 엄마로서의 역할에만 신경 쓰느라 아이 표정을 제대로 봐준 적이 없는 것 같다. 더 이상은 내 딸을 힘들게 해서는 안 된다. 그래서 나는 이렇게 말했다. "다수야, 우리 가서 새 옷 사자. 젖은 옷 입고 있으면 감기 들어!"

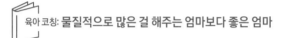
육아 코칭: 물질적으로 많은 걸 해주는 엄마보다 좋은 엄마

엄마의 생각이 180도 달라졌네요. 화도 내지 않고 오히려 침착해진 것은 엄마의 생각에만 갇히지 않고 아이가 받았을 압박감을 생각했기 때문이겠죠. 아이에게는 물질적으로 많은 것을 해주는 엄마보다 마음을 헤아려 주는 엄마가 좋은 엄마입니다.

DATE: 7 / 18 /

남편에게 맡기면 왜 불안할까?

외출 중에 참다못해 남편에게 문자 메시지를 보냈다. "아이 밥은 먹었어?"라고 보낸 후 "목욕은 그 비누로 했지? 머리 감길 때는⋯⋯." 여기까지 썼는데 남편이 "내게 맡겼으면 걱정은 내려놓고 잊어."라고 답장을 보내오는 것이 아닌가. 단지 몇 마디 한 것뿐인데, 남편의 반응이 무척 당황스러웠다.

잠시 뒤 남편에게 전화가 걸려와 지금 무사히 잠들었고 밥도 잘 먹고 재미있게 놀았다고 한다. 들어 보니 나랑 있을 때보다 더 잘 지낸 것 같았다. 그래도 영 못 미더워 "말 안 해도 아이 관련한 일은 다 알아서 잘했겠지?" 하고 묻자 남편은 못 말리겠다는 반응을 보였다. 왜 이리 남편에게만 맡기면 불안한 것일까. 이것도 병인가 싶다.

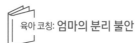

육아 코칭: **엄마의 분리 불안**

아이는 만 3세가 지나면 자아가 급속하게 발달하면서 매우 중요한 발달 과업을 이루게 됩니다. 바로 엄마와 심리적으로 분리되면서 개별화하는 것이죠. 아이는 엄마와 심리적으로 떨어질 수 있게 되면서 감정의 동요 없이 주변을 탐색하고 환경에 적응할 수 있는 힘을 지니게 됩니다. 이를 통해 한 사람으로서 인격적으로 독립하게 되죠.

아이는 문제 없이 분리되고 있는 데 반해 엄마가 떨어지는 데 불안을 느끼는 경우도 있습니다. 모처럼 외출했다가도 아이 생각에 서둘러 집으로 돌아오거나 틈만 나면 아이 생각에 일이 손에 잡히지 않는다면 엄마의 분리 불안을 의심해 볼 수 있습니다. '우리 아이는 나 아니면 안 된다'는 생각이나 '자신이 아이에게 가장 중요하고 소중한 존재'여야 한다는 생각을 버리세요.

남편의 입장에서도 생각해 봐야 합니다. 아이는 상대적으로 더 친밀한 엄마가 있으면 아빠와 친해질 기회가 없습니다. 엄마만 찾는 아이에게 남편은 무력감을 느낄 수 있습니다. 아이는 엄마가 없는 상황이 되면 아빠에게 의지합니다. 자신에게 의지하는 아이를 보면서 아빠는 책임감이 생기죠. 이런 상황이 여러 번 반복되면 아빠도 육아에 보다 적극적으로 참여하게 됩니다.

DATE: 7 / 20 /

내가 뭘 잘못했니?

점심밥을 먹는데 다수가 가만히 있지 못하고 여기저기로 돌아다녔다. 그때마다 숟가락을 들고 쫓아다니던 나는 다수의 밥을 접시에 덜어 스스로 먹게 했다. 역시나 안 먹는다. 내가 "먹기 싫으면 안 먹어도 돼. 가서 놀아. 다음 끼니에 먹으면 돼." 하니 다수가 "다음 끼니에 먹으라는 게 무슨 말이야?" 하고 묻는다. 내가 단호한 표정으로 "지금은 점심이잖아. 다음은 저녁이야. 저녁에 밥을 먹기 전까지 다른 간식이나 과일은 먹을 수 없어. 그리고 엄마는 이제 밥 안 먹여 줄 거야. 먹고 싶으면 스스로 먹고, 먹기 싫으면 다음 끼니에 먹어."라고 말하니까 "앙!" 다수가 울음을 터뜨렸다.

나는 깜짝 놀랐다. 왜 그러지? 때린 것도 아니고 먹으라고 강요한 것도 아니고, 그저 해결 방법을 알려 준 것뿐인데. 그래서 다수에게 이유를 물었다. "왜 그래, 다수야?" 그러자 다수가 "엄마, 나먹을래. 지금 먹을래. 나 혼자 먹을 거야!" 하더니 왼손에는 포크, 오른손에는 숟가락을 들었다.

급하게 서두르는 다수를 보면서 어이가 없었다. 내가 잘못했니? 역시 말이 폭력을 능가하는 걸까? 아니면 내가 예전에 너무 폭력적이어서 반사적으로 움츠러든 걸까?

 육아 코칭: **폭력적인 언행만이 체벌이 아니다**

가혹한 요구를 하는 것은 아이의 정신 건강에 매우 좋지 않습니다. 아이의 욕구를 과도하게 억압하고 심리적인 충돌을 야기하기 때문입니다. 안타까운 점은 부모는 자신들의 요구가 가혹한지 잘 모른다는 사실입니다. 때리거나, 욕하거나, 강제적인 수단을 동원하지 않으면 가혹한 요구가 아니라고 생각하는 거죠. 정확히 말해 아동의 발달 상태와 연령을 넘어선 요구는 모두 가혹한 요구라고 할 수 있습니다. 아이에게 무언가를 요구할 때는 인내심을 가지고 차분히 설명해 주어야 합니다.

때리고 욕하는 것만이 체벌이 아닙니다. 자유를 제한하고, 아이가 누려야 할 권리를 빼앗고, 무시하고, 사랑해 주지 않고, 마땅히 해줘야 할 칭찬과 격려를 하지 않고, 잔소리를 퍼붓는 것도 체벌과 비슷한 작용을 합니다.

DATE: 7 / 25 /

남자와 여자를 구분 짓기 시작하다

저녁 식사 때 다수는 밥을 먹다가 갑자기 아주 들떠서 "엄마, 점심시간에 남자 친구 누구랑 여자 친구 누구랑 같이 밥을 먹었다?" 하고 말했다. 내가 "그래서?"라고 되묻자 "남자는 남자하고만 놀아야지! 여자는 여자하고만 놀고!"라고 말하는 것이다.

유치원에 다니기 시작하면서 다수는 무언가 자기만의 세계를 만들고 있는 것 같다. 지난 번에는 자기 반 친구가 어떤 옷과 신발을 입고 왔는지, 머리는 어떻게 묶었는지 알려 주더니 자기도 그렇게 해달라고 했다. 지금 다수는 남자와 여자는 서로 같이 어울리면 안 된다고 여기는 듯했다. 또래 집단을 의식하기 시작한 것 같다. 엄마로서 단단히 준비하여 다수를 잘 이끌어 줘야겠다.

육아 코칭: 사건보다 그 사건이 아이에게 미친 영향이 더 중요하다

성별로 또래 집단을 나누는 것은 이 시기 아이들에게서 흔히 볼

180

수 있는 모습입니다. 그런데 아이와 대화를 할 때는 내용도 중요하지만, 아이가 어떤 정서를 갖고 있는지도 살펴야 합니다. 기쁜지, 슬픈지, 긴장을 했는지 등 말이죠. 즉 이야기만 들을 게 아니라 정서를 통해 그 사건이 아이에게 어떤 영향을 끼쳤는지 판단해야 한다는 말입니다.

DATE: 7 / 29 /

감정 참기 연습

저녁밥을 먹은 뒤 다수를 씻기려고 했다. 샤워하고 나서 근처에 있는 할머니 집에 놀러 가자고 했더니 나가기 싫단다. 그래서 조금 이따가 씻자고 했다. 다수는 좋다고 하며 열심히 블록을 가지고 놀았다. 조금 뒤에 설거지를 끝내니 다수가 갑자기 "나 할머니 집 갈래!" 하며 스프링처럼 튀어 나갈 준비를 했다. "아까 안 나간다고 하지 않았어? 지금 가면 너무 늦어서 언제 씻고 잘려고. 가지 말자." 나는 먼저 말로 설득해 보려고 했다. 그러자 "앙! 나 갈 거야. 갈 거라고!" 다수가 무릎을 꿇고 울기 시작했다.

하나, 둘, 셋…… 후우. 됐다, 됐어. 하루쯤 늦게 자지 뭐. "아가, 오늘은 엄마가 기회를 줄게. 할머니 집 가서 놀아도 돼. 엄마가 때리지 않을 거고 벌도 안 줄 거야. 그런데 앞으로는 했던 말을 바꾸지는 마. 다음에도 또 그러면 엄마가 혼낼 거야! 알겠어?" 다수는 알겠다며 밝게 웃었다. 감정이 치솟을 때 심호흡을 하면 효과가 있다고 하더니, 정말 그랬다!

육아 코칭: **육아에 '꼭' 이란 없다**

엄마의 감정은 아이의 생활과 정서에 밀접한 영향을 줍니다. 아이는 엄마의 내면을 볼 수 없습니다. 엄마가 말해 주지 않으면 자신을 향한 사랑을 느낄 수가 없죠. 더욱이 자신에게 화를 내고 버럭하는 엄마를 보며 사랑을 느낄 수 있는 아이는 없습니다.

내가 세운 규칙이나 완벽하려는 마음을 내려놓을수록 아이에게 너그러워집니다. 육아에 '꼭 ~해야 해' 하는 것은 없습니다. 그때그때의 상황과 아이의 마음을 잘 고려해 융통성 있게 행동하면 됩니다. 때때로 아이와 실랑이를 벌이지라도 일기 속 모습처럼 엄마가 감정을 잘 조절할 수만 있다면 그 결과는 언제나 해피엔드일 것입니다.

DATE: 8 / 7 /

손 하나 까딱하고 싶지 않은 날

오늘은 정말 피곤한 하루였다. 제대로 밥 먹을 새도 없이 정신없이 바빴다. 너무 고단해 잠자리 독서 시간에도 도저히 책을 읽어 줄 수가 없었다. 다수가 내 품에 파고들었지만, 아무것도 하고 싶지 않았던 나는 휴대폰을 꺼내 보기 시작했다. 한참을 보고 있는데 갑자기 흐느끼는 소리가 들렸다. 고개를 들어 보니 다수가 눈물, 콧물 범벅이 되어 있었다. 깜짝 놀라서 "왜 그래, 아가?" 하고 물었지만 다수는 말없이 울기만 했다. "엄마가 휴대폰만 보고 있어서 화가 났어?" 하니 다수가 "앙! 나 안아 줘, 엄마!"라며 안겼다. 그래, 엄마가 휴대폰만 본 건 잘못했어. 하지만 이게 그렇게 울 일이니?

육아 코칭: **부모의 욕구를 존중하도록 가르치는 기회**

부모라고 해서 슈퍼맨이나 슈퍼우먼이 되어야 하는 것은 아닙니다. 부모는 자신의 욕구와 한계를 정확히 알아야 합니다. 그리고 아이에게 그것을 알려야 합니다. 이 역시 훈육의 일부이며, 부모의 욕구를 존중하도록 가르치는 방법입니다. 피곤하다면 솔직하게 자신의 느낌과 상태를 전달하세요. "엄마가 오늘 피곤해. 좀 쉬고 싶어."라고요. 그러면 아이도 충분히 이해할 겁니다. 귀찮게 한다고 해서 아이를 무시하며 휴대폰 보는 걸로 휴식을 취해서는 안 됩니다. 그러면 아이는 자신을 기피한다고 느껴 상처를 받습니다.

시도 때도 없이 해줄 때까지 조르는 아이 ✎

요즘 다수는 원하는 게 있으면 들어줄 때까지 재촉한다. 상대방이 어떤 상황인지 전혀 아랑곳하지 않는다. 내가 차를 후진시킬 때 다수가 이야기 동영상을 틀어 달라고 했다. 차를 벽에 박을 것 같은데도 아랑곳하지 않고 당장 틀어 달라는 것이다. 또 세수하고 있을 때도 만화 채널을 바꿔 달라고 재촉했다. 세수 중인 엄마 얼굴이 거품 범벅이어도 상관 않고 무조건 지금 당장 해달라고 요구했다.

육아 코칭: 아이의 행동은 부모가 원인

아이의 행동 패턴은 환경에 적응한 결과입니다. 아이가 떼를 쓰거나 조른다고 해서 바로바로 해주다 보면 아이는 이 행동을 반복할 확률이 높아집니다. 그러므로 정확한 원칙을 세우고 일관성 있게 아이를 대해야 합니다. 이는 매우 중요한 훈육 원리 중 하나죠.

아이가 옳고 그름을 파악하는 것과 그것을 행동으로 옮기는 것은 아주 다른 문제입니다. 자신의 행동이 잘못되었다는 것을 알고 있을지라도 이를 제대로 잡아 주는 사람이 없으면 아이는 스스로 고치지 않습니다. 만약 심하게 짜증을 부리고 울며불며 떼쓰는 아이를 무한정 받아 준다면, 아이는 상대가 자신을 받아 준다고 생각해 지속적으로 문제 행동을 할 수 있습니다. 이 방법으로는 원하는 것을 얻을 수 없다는 사실을 분명하게 전달해야 합니다. 아이와 함께 규칙을 정해 떼쓰는 방법으로는 더 이상 원하는 것을 이룰 수 없음을 예측할 수 있게 해주는 것도 좋은 방법입니다.

DATE: 8 / 25 /

이유 없이 짜증을 부릴 때

산책을 가기로 했던지라 놀고 있던 다수에게 나가자고 했다. 그런데 다수가 나갈 생각을 하지 않는 것이다. 내가 이제 그만 공원에 가자고 했더니 "싫어, 싫어~!" 하면서 울었다. "산책하고 싶다며? 이제 싫어?" 이 말에 다수는 더 크게 꺼이꺼이 울더니 팔에 얼굴을 파묻어 얼굴 표정을 못 보게 감추었다. 팔을 타고 흐르는 눈물이 보였다.

"왜 그래? 그냥 집에서 놀고 싶어?" 다수는 내 말에 대꾸도 안 하고 계속 흐느껴 울었다. 무슨 수를 써도 안 먹히고 계속 울어 대니 점점 짜증이 났다. 나는 일부러 "그럼 엄마만 가야겠다. 다수는 집에서 놀고 있어."라고 말했다. 그러자 다수가 벌떡 일어나더니 코를 훌쩍거리며 말했다. "나도 갈래."

나는 얼른 다수를 앉힌 후에 진정되기를 기다렸다가 아까는 왜 그랬는지 진지하게 물었다. 그런데 다수는 이유를 가르쳐 주지 않

았다. 나도 더 이상 입씨름하고 싶지 않아서 산책을 하러 가기로
했다.

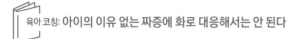

육아 코칭: 아이의 이유 없는 짜증에 화로 대응해서는 안 된다

아이가 갑작스럽게 이유도 없이 울고 짜증을 내면 부모도 화를
참기 어렵습니다. 오늘 엄마가 다수의 투정을 잘 받아 준 것은 칭
찬받아 마땅합니다. 아이가 괜히 울고 짜증을 낼 때 가장 좋은 방
법은 주의를 다른 데로 돌리거나 모르는 척 무시를 하는 것입니다.
가장 나쁜 방법은 혼내고 벌주는 것이죠.

DATE: 8 / 29 /

언제까지 떠먹여 줘야 할까?

다수는 저번 주 내내 아파서 집에만 있었다. 그러더니 밥 먹는
능력이 완전히 퇴화했나 보다. 죽조차 꼭 떠먹여 줘야 했다. 내가
잔소리를 좀 할라치면 남편이 "아직 아프다잖아." 하면서 편을 들
었다. 저녁 식사 때는 무려 한 시간 동안 죽을 한 술씩 떠먹여야 했
다. 아기 새처럼 입만 벌려서 넙죽넙죽 받아먹는 다수에게 "다시
아기가 됐네? 그럼 유치원에다 이제 언니 반은 못 간다고 말해야

겠다. 어떡할래?"라고 말했다. 그러자 다수가 숟가락을 들고 혼자 먹기 시작했다.

육아 코칭: 식습관 교육은 10개월부터

올바른 식습관 교육은 대단히 중요합니다. 혼자서 밥 먹기도 그중 하나죠. 10~11개월쯤 되면 숟가락을 들고 스스로 떠먹으려고 하는 아기들이 있습니다. 이때 "엄마가 먹여 줄게. 지지." 이런 식으로 아기의 행동을 제지해서는 안 됩니다. 돌 전 아기여도 스스로 먹는 것에 흥미를 보이면 혼자 먹기에 도전해야 합니다. 하지만 손발의 조작 능력이 떨어지다 보니 당연히 음식을 쏟거나 흘리기 일쑤입니다. 이때 화를 내거나 다그치지 않아야 합니다. 그래야 15~18개월이 되었을 때 안정적으로 혼자 밥을 먹을 수 있게 됩니다.

그런데 지금까지 계속 떠먹여 주던 부모는 어린이집이나 유치원 입학이 다가오면 조급해집니다. 갑작스레 아이에게 "이제 다 컸잖아. 혼자 먹을 수 있어!" 하며 연습을 서두르죠. 아이는 이 상황이 혼란스럽기만 합니다. 식습관은 한 번에 고치기 어렵습니다. 한두 달 정도 시간을 갖고 천천히 연습을 시켜야 하죠. 참고로 밥을 먹을 때 한 숟가락 먹고 놀다가 또 한 숟가락 먹는 행동은 가장 피해야 할 식습관 중 하나입니다. 딱 한 달만 마음을 굳게 먹고, 따라

다니며 먹이는 것을 멈춰 보세요. 적게 먹어도 상관없습니다. 적은 음식이라도 일정한 장소에 앉아 먹는 습관을 길러야 합니다. 따라 다니며 먹일 경우 아이 입만 점점 더 짧아지게 됩니다. 자신이 먹지 않아도 늘 배가 차 있기 때문이죠.

고집쟁이 아이와 매일이 전쟁

다수가 집에 돌아올 즈음 초인종이 울렸다. 나는 인터폰에서 울리는 소리를 듣고 혼란에 빠졌다. 아파트 1층 현관 앞에서 다수가 울며 "나 집에 올라가기 싫어!"라고 소리를 지르고 있었다. 친정 엄마의 목소리도 들렸다. "흰 토끼를 집에서 던지면 안 돼. 위험해." 흰 토끼는 음악 재생기능이 있는 다수의 장난감이다. 나는 소리쳤다. "한 사람씩 말해. 엄마가 먼저 말해 봐. 무슨 일이야?"

친정 엄마의 말이, 친구가 라디오를 가져와서 음악에 맞춰 춤을 췄는데 그걸 보고 다수도 흰 토끼를 가져오고 싶어 했단다. 베란다에서 흰 토끼를 던지면 밑에서 받을 생각이었나 보다. 당연히 친정 엄마가 위험하다고 말렸지만 다수가 계속 고집을 부리는 모양이었다. 난 인터폰을 통해 강경하게 말했다. "둘 중 하나를 선택해. 첫째, 네가 집으로 올라와서 흰 토끼랑 같이 춤을 춘다. 둘째, 내일 흰 토끼를 가지고 나가 친구랑 춤을 춘다. 둘 다 싫으면 너 혼자 계속 놀아. 엄마는 올라와요, 다수 혼자 생각하라고 하고!" 그러자 잠시 조용하더니 "할머니, 기다려. 같이 가! 나 내일 춤출래!" 하고 외치는 소리가 났다.

육아 코칭: 훈육은 감정 싸움이 되어서는 안 된다

떼쓰고 고집 피우는 아이의 행동에 휘둘려 분노를 쏟는 부모 밑에서 자란 아이는 사회성과 자신감 발달에 부정적인 영향을 받습니다. 훈육은 감정 싸움이 되어서는 안 됩니다.

지금은 몰라보게 달라졌지만 일기를 쓰기 시작했을 때 다수 엄마는 아이의 작은 행동에도 분노하고, 심한 경우 매질을 했습니다. 이때 아이는 왜 혼나는지 알지 못한 채 두려움과 공포를 경험했을 수 있습니다. 감정에 휩싸였을 때 하는 훈육과 차분한 상태일 때 하는 훈육의 효과는 천지 차이입니다. 화를 내면 정서의 지배를 받게 되어 대뇌를 거치지 않은 상태로 말이 튀어나오게 됩니다. 반대로 침착할 때는 이성이 주도권을 잡아 문제를 해결하도록 이끕니다. 정서는 전염이 되기도 해서 화는 화를 부르고, 침착함은 다른 사람도 차분히 만드는 힘이 있습니다.

DATE: 9 / 15 /

아이의 말, 어디까지 믿어야 할까?

다수가 집으로 오는 길에 유치원에서 있었던 얘기를 했다. 선생님이 책을 가져와 누구 책이냐고 물었는데 《톰의 여동생》이라는 다수의 책이었단다. 그런데 다른 친구가 자기 거라고 해서 둘이 다투다가 다수가 양보를 했다고 한다. 난 그 얘기를 듣고 바로 열이 올랐지만, 차분히 말했다.

"확실히 네 책 맞니? 네 책에는 이름이 다 써 있잖아."

"맞아. 그런데 엄마가 써준 이름이 다 지워졌어. 그런데 선생님이 다시 친구의 이름을 썼어."

"그런데 왜 선생님한테 말 안 했어? 내일 그 책 친구에게 돌려달라고 하자."

"싫어! 벌써 친구가 고맙다고 했단 말이야!"

그러다가 갑자기 난 다수가 의심스러워졌다. 그 책이 정말 친구 책이면 어떡하지? 그래서 다수에게 일단 그 책이 집에 있는지 찾아보자고 했다. 상자며 책장 곳곳을 뒤진 끝에 구석에서 그 책을 찾아냈다. 책에는 다수의 이름도 선명히 적혀 있었다. 혹시나 했더니 역시나! 다수에게 내일 친구한테 사과하고 그 책은 정말 네 책이 맞다는 이야기를 하라고 했다. 다수는 고개를 끄덕이며 "엄마, 화내지 않아 줘서 고마워." 했다. 순간 감정을 참길 잘했다는 생각에 뿌듯했다.

부모들은 아이의 말을 모두 철석같이 믿는 경향이 있습니다. "선생님이 나를 때렸다." "누가 나랑 안 놀아 준다." "누가 나를 괴롭힌다." 등의 말을 들으면 부모는 걱정과 분노와 같은 안 좋은 감정에 시달리게 됩니다. 사실 아이들이 하는 이런 종류의 말 중에는 일부 거짓도 포함되어 있습니다. 그렇기 때문에 부모는 먼저 아이가 소극적인지, 적극적인지 정서를 관찰한 후, 사실인지 따져 봐야 합니다. 일기에서 다수 엄마가 한 것처럼 말이죠. 신중하게 행동해야 합니다.

"하나뿐인 아이에게
왜 이리도 가혹하게 굴었을까요?"

이전의 저는 인내심이라고는 눈곱만큼도 찾아볼 수 없는 사람이었습니다. 특히나 제 딸 다수에게는 유독 자비 없는 엄마였죠. 일기를 쓰다 보니 이런 생각이 들었습니다. '왜 내 생애 유일한 자식인 다수에게 이렇게도 가혹하게 굴었을까?' '인생에서 가장 행복해야 할 시기를 난 왜 공포스럽게 만들었을까?' 지금까지 아이가 받았을 상처를 한 번도 생각해 보지 못했다는 사실을 깨닫고 한동안 충격에 헤어 나올 수 없었습니다. 남편에게조차 맡기지 못할 정도로 아이의 모든 것을 챙겨야 마음이 놓였는데. 그리고 그럴 때마다 엄마로서 잘하고 있는 것 같아 뿌듯해했는데. 제가 해야 하는 일, 엄마로서의 역할에만 빠져 아이를 제대로 바라보지 못했음을 깨달았습니다.

어제 다수는 새로 산 볼터치를 뜯어 솔로 마구 문질러 놨습니다. 짓이겨 놓은 것만으로도 모자라서 침대에까지 흩뿌려 놓았죠. 물론 깜짝 놀라 소리는 질렀지만 다수를 꾸짖지는 않았습니다. 만지면 안 된다고 알려 주지 않은 제 잘못이니 말입니다. 예전 같으면 새로 산 것을 망가뜨렸다, 엄마 것을 함부로 했다는 생각에 사로잡혀 불같이 화를 냈을 것입니다. 물론 여전히 화는 나지만, 제 감정이 아이에게 상처가 될 수 있다는 생각을 할 수 있게 되었습니다.

물론 이런 사건은 여전히 자주 터집니다. 또 시도 때도 없이 징징거리는 아이와 마주할 때면 다잡은 마음이 흐트러지기도 합니다. 하지만 제가 아무리 심하게 꾸짖거나 재촉해도 언제나 저를 엄마로서 사랑해 주는 아이의 모습을 떠올리면 몸 둘 바를 모르겠습니다. 저는 너무 못난 엄마였습니다. 이제는 절대 예전처럼 살벌하게 굴지 않을 것입니다. 다수와 함께 천천히 손 잡고 걸으며 아름다운 풍경을 감상하고 싶습니다. 다수의 손을 잡고 있는 이 시간을 소중히 하고 싶습니다.

"감정이 단절된 부모는
아이의 문제 행동을 자극해요."

정말 많은 부모가 아이를 데리고 상담실을 찾아옵니다. 집마다 사연도 각양각색입니다. 인터넷 중독의 아이, 공부와 담 쌓은 아이, 거짓말하는 아이, 각종 행동 문제를 가진 아이 등등. 부모들은 저를 보자마자 눈물을 뚝뚝 흘리며 하소연을 하죠. 그러면 저는 그들의 이야기를 묵묵히 들어 줍니다. 충분히 자신의 이야기를 쏟아 낼 수 있도록요. 이야기를 듣다 보면 아이의 문제가 아닌 가정의 문제로, 아이는 피해자일 뿐이라는 것이 드러납니다.

갓 태어난 아기에게는 심리적 문제가 없습니다. 아이의 심리 문제는 사회화 과정에서 생기는 것이기 때문입니다. 그렇다면 부모의 사랑 속에서 태어난 아이가 왜 자라면서 문제아가 될까요? 그동안 어떤 변화가 있었던 걸까요? 상담실에서 만난 부모들은 애가 왜 이리 철이 없는지 모르겠다거나 도무지 애와 소통할 방법이 없다는 말을 합니다. 그러면서 애의 문제를 고칠 수 있도록 방법을 알려 달라고 말하죠. 제가 그러기 위해서는 부모부터 달라져야 한다고 말하면, 당황스러워합니다. 자신들은 아이를 위해 최선을 다해 왔고, 안 해본 노력이 없다고 말이죠. 사실 이를 받아들이기란 대단히 어려운 일입니다.

냉정하고 무섭게 보이는 다수 엄마의 행동 역시 사실 이해가 안 되는 것도 아닙니다. 남편에게조차 불안해서 아이를 못 맡길 정도로 아이에 대한 책임감이 강한 만큼, 희생하는 부분이 많을 것입니다. 당연히 아이가 야무지며 어른스럽기를 바라지만, 기대와 다른 아이의 행동에 억눌린 감정들이 폭발하는 거죠. 다수 엄마는 엄마대로 속이 상하고, 다수는 다수대로 불행합니다.

예전에 상담실에 와서도 아이를 가르치려 드는 엄마가 있었습니다. 하루에 단어를 20개씩 외우면 일주일에는 140개, 이를 일 년만 하면 대학생 이상의 영어 수준이 될 거라고 말하더군요. 저는 웃으며 "그럼 어머님은 이 말대로 할 수 있나요?"라고 물었죠. 그녀는 불쾌해하며 "제가 못했기 때문에 딸이 하길 바라는 거예요."라고 답했습니다.

아이의 문제 행동 뒤에는 아이의 감정을 읽어 주지 못하는 부모가 있습니다. 자녀와 감정적으로 단절된 부모는 아이의 입장에서 문제를 생각하기 힘들어집니다. 다수 엄마는 일기를 통해 놓치고 있던 아이의 감정을 볼 수 있었습니다. 그 뒤 폭력적인 성향을 고치고 다수를 압박하지 않는 방법을 고민하기 시작했죠. 다수도 엄마의 변화를 느끼고 "엄마, 고마워."라고 말을 했고요.

부모들은 아이가 품 안에 있을 때는 안아 줄 시간이 그리 길지 않다는 것을 모릅니다. 하지만 아이들은 어느 순간부터 엄마 품을 찾지 않고 뽀뽀도 거부하며 엄마 생각은 하지 않습니다. 그러면 부모는 어느 날 갑자기 아이가 커버린 것 같다고 느끼며 허전함을 느낍니다. 아이가 엄마 곁에 있는 동안 더 많이 사랑해 주세요. 화는 덜 내고 더 많이 이해해 주세요.

7장

아이를 위해 선택한 이사인데, 너무 힘들어해요!

위치 엄마의 일기

공부 환경이 우선일까요?
아이 마음이 우선일까요?

자녀교육에서 공부는 대단히 중요한 주제 중 하나입니다. 게다가 아이가 공부를 제법 잘하는 편이라면 관심은 더욱 높아지죠. 성적을 중요시하는 분위기에서는 자칫 아이의 내적 성장에 관심을 기울이지 못할 수 있습니다. 성적이 떨어졌을 때 아이가 받을 스트레스는 상상할 수 없을 만큼 큰 데도 말이죠. 이럴 때 대게 부모는 몹시 걱정하면서도 아이를 심하게 꾸짖습니다. "너 원래 잘하잖아. 왜 그래?" "요즘 좀 요령을 피우더라니, 그럴 줄 알았다." 속상한 마음에 자신도 모르게 이런 말들이 튀어 나옵니다.

이번에 만나 볼 위치네가 이런 상황에 처했습니다. 소위 학군 좋다고 하는 지역으로 이사를 오면서 위치는 그전 학교와의 교육 수준 차이로 힘들어했습니다. 위치 엄마는 자신의 선택으로 아이를 고생시키는 것 같아 미안한 한편으로, 아이가 무사히 적응하기를 바랐습니다. 그 과정에서 뜻대로 되지 않는 아이 모습에 화가 나기도 하고, 미안해하기도 하죠. 아이를 위해 선택한 이사가 오히려 아이를 힘들게 하고 있으니 말입니다. 이뿐만 아니라 위치 엄마는 아이의 적성을 길러 주기 위해 환경을 끊임없이 만들어 주지만, 이 역시 쉽지가 않습니다. 위치 엄마는 '환경이 우선일지, 아이가 우선일지' 혼란스러웠습니다. 그러나 일기를 쓰면서 조금씩 그 답을 찾아가는 모습을 보여 줍니다. 제가 일기마다 달아 놓은 육아 코칭은 이 같은 고민을 하고 있는 부모에게 답을 발견하는 기회를 주리라 생각합니다.

아이가 크는 과정에서 크고 작은 문제는 늘상 있기 마련입니다. 이때 아이는 물론 부모 역시 내면이 약해지기 쉽습니다. 함께 위기를 극복할 수 있도록 서로의 마음을 민감하게 포착하고 힘을 모으는 지혜가 필요합니다.

90일간의 육아일기

아이 : 위치, 만 열 살 여자아이
부모 : 아이의 적성, 공부
　　　　모두 잡고 싶은 열혈 엄마

DATE: 6 / 23 /

시험에 대한 생각

　　모레부터 위치의 기말시험이 시작된다. 그런데 평소보다 많은 숙제에 위치는 울먹거리며 "언제 이걸 다 끝내?"라고 했다. 나는 인내심을 가지고 타일렀다. 그러자 위치가 뜻밖에도 시험에 대한 자신의 견해를 밝혔다.

　　"한 학기 동안 배운 내용을 왜 이렇게 몰아서 확인하는 거지? 이렇게 한참 있다가 시험을 치면서 어떻게 진짜 실력을 평가한다는 거야? 학기 초에 배운 건 기억도 안 나고 시험이 끝나면 다들 공부 안 하잖아. 이건 시험을 위해서 공부하는 것 같아."

　　"아주 똑똑이네, 똑똑이! 그런데 선생님은 꼭 다 외우라고 숙제를 내준 건 아닐 텐데?" 내 말에 위치는 미간을 찌푸리더니 아무 말도 하지 않았다. 숙제에 신경을 쓰느라 더 이상 대꾸할 시간도 없어 보였다. 참자, 참아!

 육아 코칭: 부모가 아니더라도 아이를 압박하는 요인은 너무 많다

아이가 자신의 의견이나 생각을 주장할 수 있다는 건 대단히 중요합니다. 위치의 말대로 우리는 시험을 위해 공부하는 게 아니라며 갖가지 이유를 대지만 안타깝게도 아이들의 머릿속에는 온통 시험과 점수뿐입니다. 그 결과 지식에 대한 관심이나 호기심은 사라지고 시험과 점수만을 위해 공부하는 기계가 되어 버리죠. 아이가 학습에 대한 흥미를 잃지 않도록 주의를 기울이세요. 부모가 아니더라도 아이를 둘러싼 모든 환경이 이미 성적을 강요하고 있으니까요.

DATE: 6 / 27 /

가르칠 수는 있어도 흥미는 아이의 몫

식사 후 탁구를 치러 갔는데 위치의 실력이 눈부시게 발전했다. 이웃 엄마가 보더니 "며칠 전에는 공도 못 받아치더니 오늘은 제법 잘 치네. 애들은 좋아하는 건 금방 배운다니까!"라고 했다. 이 말을 듣고 나는 후회했다. 작년 겨울에 심사숙고해서 위치에게 테니스를 가르쳤다. 그런데 위치는 실력도 늘지 않고 배운 뒤에도 테니스를 치려고 하지 않았다. 부모가 시킬 수는 있어도 흥미까지 생기게 할 수 없다는 것을 다시 한번 깨달았다.

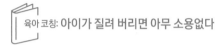

육아 코칭: 아이가 질려 버리면 아무 소용없다

부모는 아이의 작은 가능성이라도 놓치지 않고 키워 주고 싶습니다. 그래서 남들이 한다는 체험이나 사교육은 무엇 하나 놓치지 않으려고 하죠. 물론 운 좋게 그 과정에서 아이의 흥미나 적성에 맞는 일을 찾게 되는 경우도 있지만, 흥미를 가지기도 전에 질려 버리는 경우가 더 많습니다.

DATE: 7 / 8 /

아이가 혼자 세워 본 여름 방학 계획표

위치의 여름 방학이 본격적으로 시작됐다. 여름 방학만큼은 교실에서 벗어나야 한다고 생각해 학원은 등록하지 않았지만 공부 계획은 짜야 할 것 같았다. 같이 계획을 짜다 보니 새삼 위치가 많이 컸다는 걸 실감할 수 있었다. 전에는 아이에게 시간 개념이 없어서 내가 다 해야 했다. 하지만 이번에는 숙제, 독서, 수학, 운동부터 텔레비전 보는 시간과 간식 먹는 시간까지 스스로 꼼꼼히 짰다. 심지어 균형 있게 잘 분배했다. 아주 세세하게 시간을 분배한 모양새가 계획표를 만드느라 고생했을 것 같았다. 잘 지키지는 못할지라도 자기 스스로 만든 거라는 데 의미가 있으니 그걸로 이미 충분하다.

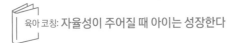

육아 코칭: 자율성이 주어질 때 아이는 성장한다

"애가 자기 혼자 할 줄 아는 게 없어요." 상담실을 찾아오는 많은 부모가 이렇게 이야기합니다. 그런데 그들을 가만히 살펴보면 아이의 행동 하나하나를 제어하고 관리합니다. 매니저처럼 아이의 일과를 완벽하게 통제하죠. 당연히 아이는 "엄마, 나 이거 해도 돼요?" "나 이제 뭐해요?" 하고 묻는 데 익숙해집니다.

아이의 자율성은 걸음마 시기가 되면서 본격적으로 길러집니다. 위험하지 않는 이상 아이가 마음껏 탐색할 수 있도록 도와주라는 것도 이 때문입니다. 이 시기에 길러진 자율성은 아이의 독립심과 자기 주도성의 발판이 됩니다. 이때부터 부모가 아이의 자율성과 선택권을 존중해 주지 않으면 아이는 자신이 아무것도 할 수 없다고 느낍니다. 스스로 나약하고 무력하다고 느끼죠. 이는 영유아 시기만이 아니라 커서도 마찬가지입니다. 아이는 자율성을 줬을 때 그 결과를 통해 배워 나갑니다. 그리고 자신에 대한 믿음을 키우죠.

선생님에게 딸이 혼나는 모습을 목격하다

학원으로 위치를 마중 나갔다. 생각보다 일찍 도착해 기다리고 있는데, 미술 선생님이 위치를 엄하게 꾸짖는 것이 보였다.

"위치야! 그림을 잘 그리고, 못 그리는 것을 가지고 말하는 게 아니야. 오늘 선생님은 네 태도를 보고 말하는 거야. 그림을 배우러 왔으면 나아지는 게 있어야지. 실력이 좋아지기는커녕 넌 게으름만 피우잖아!"

얼굴이 어두워진 위치는 학원 문을 나서자마자 울었다. 나는 한마디도 하지 않았다. 나도 기분이 좋지 않아 괜히 입을 열었다가 감정이 걷잡을 수 없이 격해질 것 같았기 때문이다. 그리고 위치가 자기 잘못을 알고 있다고 해도 괜히 내가 건드리면 울컥해서 인정을 안 할 것 같았다. 우선 집으로 돌아가 간식을 먹여 배를 든든히 채웠다. 그런 뒤 아까 있었던 일을 가볍게 언급했다.

"엄마는 다른 사람하고 비교 안 해. 너 자신과 비교해서 매일 조금씩 발전하면 되는 거야."

"내가 잘 못 그리는 걸 그리라고 하니깐……."

"너 전에는 구구단 못 외웠는데 이제는 잘하잖아. 이것도 하다 보면 잘하게 될 거야. 엄마는 믿어."

"그래도 못하는 걸 하는 건 싫단 말이야."

"천천히 해보자. 안 그려 봐서 못하는 거야. 하다 보면 잘할 수 있어."

그제야 위치가 고개를 끄덕였다. 이것만으로 충분하다, 내 딸!

육아 코칭: 아이가 선생님에게 혼났을 때 현명한 대처법

아이가 선생님에게 혼이 나거나 친구들과 싸웠을 경우 걱정되는 마음에 부모가 더 격하게 반응하거나 화내는 경우가 있습니다. 이런 때일수록 부모는 침착해야 합니다. 제일 중요한 건 아이의 이야기를 잘 들어주는 것입니다. 아이가 말하는 도중에 끼어들어서는 안 됩니다. 아이들은 주어, 시간, 맥락을 모두 갖춰 말하는 것을 어려워하므로 기억나는 일을 중심으로 이야기하곤 합니다. 그러다 보니 자꾸 "그래? 그래서 선생님이 널 혼냈구나?" 하면서 끼어들게 됩니다. 아이의 이야기를 충분히 들어 주세요. 그리고 내용보다 아이의 감정에 반응해 주세요. 해결은 그 이후에 고민해도 늦지 않습니다.

너무 감정이 격한 상태에서 이야기하는 것보다 마음이 가라앉은 뒤 별것 아닌 일처럼 가볍게 이야기를 나누는 편이 좋습니다. 아이 일에 부모가 나서서 초조해하면 아이는 오히려 소극적이게 됩니다. 특히 학습과 관련해 부모가 지나치게 나설 경우, 부모를 위해 공부한다는 생각이 들어 오히려 흥미를 잃거나 중도에 포기할 수 있으므로 유의하는 것이 좋습니다.

괜히 수업을 참관했나?

지난 주말, 드디어 위치에게 최적인 탁구 선생님을 찾아 수업을 듣게 했다. 수업을 마친 위치는 몹시 들떠 있었다. "선생님이 그러는데 여태 가르친 학생 중에 내가 습득이 제일 빠르대! 내가 최고란 말이지?"

아이가 몹시 좋아하니 선생님이 수업을 어떻게 하는지 궁금해졌다. 그래서 오늘은 수업을 참관하기로 했다. 수업에 들어간 지 얼마 안 돼서 선생님이 지적하기 시작했다. "공을 봐야지." "허리를 굽혀." "오른쪽 다리는 앞으로!" 탁구에 문외한이라서 그런지 내 눈에는 괜찮아 보였는데 선생님은 "오늘 몸이 좀 둔하네. 저번만 못해. 긴장 풀어."라고 했다. 그러자 위치가 곧장 이렇게 말했다. "긴장이 돼요. 옆에 엄마가 있어서." 정말 나 때문인 건가. 다음부터는 안 와야겠다.

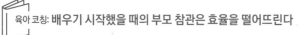

육아 코칭: 배우기 시작했을 때의 부모 참관은 효율을 떨어뜨린다

심리학 이론 중에 '사회 촉진 현상'이란 게 있습니다. 혼자서 일할 때보다 주위의 여러 사람이 함께 일할 때 개인의 작업 능률과 수행 능력이 더 높아지는 현상을 말하죠. 숙련된 일을 하거나 간단

하고 기계적인 일을 할 경우에는 옆에 누가 있으면 효율이 높아지고 성과도 좋아집니다. 하지만 이와 반대로 배우는 중이거나 익숙하지 못한 일을 할 때 혹은 문제가 생겼을 때는 다른 사람이 옆에 있으면 방해가 되어 오히려 효율이 떨어집니다. 임무를 완수하려면 집중력이 필요할 뿐만 아니라 복잡한 추론, 판단 등의 사유 과정을 거쳐야 하기 때문이죠. 따라서 무언가를 배우기 시작한 아이의 수업은 참관하지 않는 게 더 좋습니다.

DATE: 8 / 5 /

엄마도 감정이 있어 ✏️

흐린 날씨처럼 내 마음도 흐렸다. 막상 이사를 가기로 결정했지만, 부모 욕심에 아이를 힘들게 하는 건 아닌지 걱정이 물밀듯이 밀려왔다. 어둑어둑한 하늘은 금방이라도 비가 쏟아질 것 같았다. 그런 날씨에도 불구하고 위치와 산책을 했다. 꽃이 화사하게 핀 것을 보고 내가 "꽃이 참 예쁘다. 거기 서봐. 사진 찍어 줄게." 하고 말했다. 위치는 미간을 찌푸리며 "안 찍어."라고 했다. 그러지 말고 서보라고 하니 "왜 자꾸 싫다는데 그래!" 순간 대꾸할 마음도 사라져 그냥 묵묵히 걸었다. 집에 돌아와서도 기분이 나아지지 않았다.

부모도 기분이 나쁠 때가 있습니다. 그럴 때는 스스로의 내면을 들여다보세요. 그리고 아이에게 허심탄회하게 털어 놓으세요. "엄마를 함부로 대하면 엄마도 기분이 상해. 네 이유는 모르겠지만, 너가 기분이 안 좋다고 엄마한테 화풀이하는 건 잘못된 거야."라고요. 억지로 티 안 내고 참으려고 하다 보면 괜히 다른 일로 트집을 잡고 화를 내게 됩니다. 차라리 솔직하게 감정을 드러내는 편이 감정의 악화를 막습니다.

DATE: 8 / 11 /

자기가 좋아서 하는 건 이렇게 다르구나!

집에 가는 길에 위치의 전화를 받았다. "엄마, 왜 집에 안 와? 계속 기다리고 있는데." 내가 보고 싶어서 그러나 싶어 "엄마 금방 도착해." 하고 대답했다. 그러자 위치가 "6시 다 돼 가잖아. 오늘 저녁에 탁구 수업 있는데 잊었어?" 이럴 수가. 완전히 까먹고 있었다. "그러면 엄마가 먼저 선생님한테 연락할게. 그래도 늦지 않을 거야." 집에 가니 위치가 현관에서 목이 빠지도록 기다리고 있었다. 다급히 수업에 데려가니 시간이 딱 맞았다.

위치를 데려다주고 나니 긴 한숨이 나왔다. 정말 자기가 좋아해서 다니는 건 이렇게 다르구나! 새삼 놀랍다.

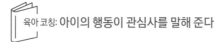
육아 코칭: 아이의 행동이 관심사를 말해 준다

부모의 강요에 의해서 마지못해 하는 건 '자기가 하고 싶어 하는 것'에 비할 바가 못 되죠! 사실 학원 수업 스케줄은 고정적인 경우가 많아 아이들도 어렵지 않게 외울 수 있습니다. 그런데도 매번 부모가 재촉해야만 움직인다면 한번 심각하게 생각해 봐야 합니다. 내가 너무 많은 것을 대신해 주고 있는 것은 아닌지, 아이가 학원 수업에 전혀 흥미를 못 느끼는 건 아닌지 말이죠.

DATE: 9 / 2 /

전학 간 학교에서의 수업을 힘들어하다

드디어 이사를 했다. 교육열이 강한 지역이라서인지 전학 간 학교에서의 생활이 걱정되었다. 다행히 위치는 잘 적응하는 듯 보였다. 오늘 교정에서 교장선생님과 마주쳤다. 위치가 전학생이라는 걸 기억한 교장선생님이 물었다.

"수업은 안 어렵니?"

"네. 안 어려워요."

"영어는 알아듣겠고?"

"네, 그럼요."

"됐다. 그러면. 공부를 꽤 잘하는구나!"

자신 있는 위치의 대답에 교장선생님이 웃었다. 집으로 가는 길에 나는 위치를 칭찬했다.

위치가 슬슬 새 환경에 적응했다고 생각한 것도 잠시, 저녁 때 생각지도 못한 위기에 처했다. "영어 글쓰기 할 때 얼마나 써야 하지? 해석도 써야 하나?" 위치는 어쩔 줄 몰라 하며 눈물까지 흘렸다. 나는 위치의 곁으로 가서 말없이 머리를 쓰다듬었다. 하지만 위치는 계속 "이럴 줄 알았으면 전학 오지 않는 건데. 나 다시 예전 학교로 가고 싶어."라고 했다. 나도 속이 상했다. 그래도 위치가 무슨 말을 하든 초조해하지 않고 좋은 말로 타이르기로 했다. 불안한 마음에 어리광을 부리는 거라고 생각했다.

육아 코칭: 말에 담긴 뜻을 파악해야 해결할 수 있다

일부 부모는 아이가 부정적인 정서가 담긴 말을 하면 '소리'만 들을 뿐 '말에 담긴 뜻'은 이해하려 하지 않습니다. 말 자체에만 집중하여 아이가 진정으로 표현하고자 하는 정서나 불안, 초조, 걱정, 화 등의 감정은 전혀 읽지 못하는 것이죠. 이렇게 되면 문제를 해결하지 못하는 것은 물론이고, 아이를 더 큰 혼란에 빠뜨리며 무기력하게 만들 수 있습니다.

DATE: 9 / 4 /

처음 받아 보는 낮은 점수에 스트레스를 받은 아이

절망은 한순간에 다가왔다. 오전에 위치 담임 선생님으로부터 전화가 왔다. 위치가 배가 아프니 데려가라는 것이었다. 분명 무슨 일이 터졌구나 싶었다. 위치의 책가방을 받아 들고 걸어가면서 물었다.

"엄마한테 말해 봐. 무슨 일이야?"

"배가 진짜로 아파."

"정말로 배가 아프다는 거 알아. 그런데 배가 나으려면 걱정거리를 다 말해야 해. 말해서 마음이 편해지면 배도 안 아파. 말해 봐."

"정말이야? 사실은 오늘 영어 받아쓰기 시험에서 70점 맞았어. 너무 많이 틀린 거야. 이렇게 못한 적이 없었는데. 창피해서 얼굴을 들 수가 없어."

"전학생인데 당연한 거 아냐? 엄마는 네 성적에 신경 안 써. 그것보다 공부하는 태도가 중요하다고 생각해."

"진짜? 엄마가 그렇게 말하니까 안심이 된다."

"정말이야. 어차피 오늘은 일찍 집에 왔으니까 푹 쉬자. 그리고 내일부터 다시 맘 단단히 먹고 열심히 공부하자. 알겠지?"

"응, 알겠어."

오후가 되자 위치는 영어 단어와 본문을 외우기 시작했다. 난 저녁 때 학부모 회의에 참가했는데 이곳 아이들은 공부에 대한 부담이 너무 큰 것 같았다. 숙제도 많고 학원도 많이 다니고 상 타려고 대회에도 부지런히 나가는 것 같아 새삼 놀랐다.

 육아 코칭: **신체적 성장만큼 정신적 성장도 중요하다**

상담을 하러 오는 아이들의 연령대가 점점 낮아지고 있습니다. 그 아이들은 하나같이 공부에 짓눌려 있더군요. 그 아이들의 부모는 공부와 신체적 성장에 관심을 쏟느라 아이의 마음이나 정신적 성장은 전혀 보살피지 못했습니다. 그러다 공부, 친구 관계, 부모와의 관계 등 모든 것에서 문제가 생기자 저를 찾아오게 된 것이죠.

인간에게는 생리적 나이 말고도 심리적 나이라는 게 있습니다. 행동은 심리적 나이에 영향을 받습니다. 따라서 내면이 강하지 못하면 아무리 성적이 좋고 체격이 크다 해도 결국 온실 속의 화초나 마찬가지라서 금세 꺾이기 마련입니다.

점수는 같아도 결과는 다르다 ✎

갑자기 찾아온 절망처럼 극복의 순간도 금방 다가왔다. 오늘 위치는 아침을 먹으면서도 교과서를 외웠다. 그러고는 가방을 둘러매고 아무 일도 없었다는 듯이 학교에 갔다. 학교를 마치고 돌아온 위치가 싱글벙글하며 펄쩍펄쩍 뛰었다. 나는 궁금해하며 물었다.

"무슨 일 있었어?"

"오늘 선생님한테 칭찬받았어. 그리고 궁금한 게 있으면 바로 선생님한테 물어보래."

"오늘 영어 시험은 어땠어? 좋은 결과 얻었어?"

"70점이야. 성적은 전이랑 같지만 더 잘 떠올랐어. 더 신경 쓰면 85점이나 90점 정도는 받을 수 있을 것 같아."

"그래서 그런가, 오늘은 기분이 괜찮아 보이네?"

"선생님이 나를 싫어하지 않는다는 걸 알았으니까."

위치의 목소리가 한결 가벼웠다. 마음까지 가벼워진 듯했다. 그런 위치를 보니 이제야 마음이 놓인다.

📖 육아 코칭: 아이의 위기를 바라보는 새로운 관점

사람은 누구나 성장하는 과정에서 좌절을 맛봅니다. 여기서 중요한 것은 좌절을 대하는 태도와 대처법입니다. 아이들은 작은 위기를 겪으며 고통도 맛보지만, 그 과정에서 좌절에 대처하는 자기만의 방법을 만들어 갑니다. 이는 경험을 통해서만 체득할 수 있습니다. 말로 설명해 깨닫게 하는 데는 한계가 있죠.

심리학 연구에 의하면 사람과 사람 간의 경쟁은 결국 인성 경쟁이 된다고 합니다. 그 사람의 의지나 조절력, 강인성 같은 성품이 최후의 승패를 좌우하는 것이죠. 따라서 부모는 아이의 인성 교육에 더욱 주의를 기울여야 합니다. 시험에서 높은 점수를 얻는 것보다 더 중요한 것이 바로 인성입니다.

DATE: 9 / 10 /

이렇게 해서 학교 공부를 따라갈 수 있을까?

며칠 전에 위치가 영어 전치사가 어렵다고 했다. 그래서 오늘 위치의 숙제가 끝난 뒤 공부를 봐주기로 했다. 예문을 통해 연월은 'in'을 쓰고 요일에는 'on'을 쓰며 시간에는 'at'을 쓴다고 가르쳐 줬다. 하지만 위치는 통 배우려고 하지 않았다. 내가 이유를 물었지만 대답은커녕 쳐다보지도 않았다. 나는 그만 화가 폭발해 "예문 다섯 개씩 반복해서 써놔!" 하고 소리치고 방을 나갔다.

잠시 뒤에 위치가 나를 향해 뭐라고 뭐라고 하는 듯했지만 들은 척도 안 했다. 위치가 내 옆으로 오기에 "너는 엄마 말을 안 듣는데 엄마는 왜 네 말을 들어 줘야 하니?"라고 쏘아붙였다. 위치가 "엄마, 나 다 썼어." 하길래 쓴 걸 보니 엉망진창이었다. 결국 또다시 화가 폭발한 나는 듣든 말든 엄포를 놓았다. "내일 다시 검사할 거야." 위치는 개의치 않는 듯했다. 학교 공부가 힘들다고 하더니, 이렇게 해서 더 뒤처지는 건 아닌지 걱정이다.

📖 육아 코칭: 아이의 공부를 봐줄 때 유의 사항

아이의 정서를 보듬어 주고 이해심 깊은 부모가 되어야 한다고 해서 아예 화내지 말아야 하는 건 아닙니다. 얼마든지 화를 느낄 수 있고 화를 낼 수도 있습니다. 다만 화가 났을 때 아이를 교육하는 건 좋지 않습니다. 감정만이 아이에게 전달돼 관계만 나빠지고 교육 효과도 떨어지기 때문입니다. 아이를 가르치려면 먼저 이성적인 상태가 되어야 합니다. 그렇지 않으면 교육은 질책과 꾸중이 되어 버립니다.

위치의 엄마는 일기 말미에 위치가 뒤처질까 봐 걱정된다고 했습니다. 어떤 화는 사실은 화가 아니라 걱정의 다른 얼굴입니다. 아이의 학교생활에 대한 불안감일 수 있고, 말을 잘 듣지 않는 것에 대한 서운함일 수도 있죠. 화라는 감정을 잘 살펴보면 이렇게 세세한 감정들이 깔려 있습니다. 화의 원인이 아이가 아니라 엄마에게 있는 것이죠. 이럴 때는 자신의 화가 가진 진짜 얼굴이 무엇인지 이해하면 감정을 해소하는 데 도움이 됩니다.

공부 먼저 할래? 놀이 먼저 할래?

아침부터 비가 왔다. 위치는 죽을 상을 한 채 글짓기 숙제를 하고 있다. 영 진도가 안 나가는 듯 질질 끄는 모습이었다. 점심에 비가 그치자 "숙제 다 하면 우리 공원에 가자."라고 제안했다. 그런데 위치가 "지금 가자. 갔다 와서 숙제 다 할게."라고 대꾸했다. "너무 늦게 돌아오거나 피곤하면 어떡해?" 하고 걱정하는 내게 위치는 "조금만 하면 금방 끝나."라고 했다. 그래, 네가 알아서 해라. 그런데 나라면 마음 편히 숙제를 해놓고 갈 텐데.

공원은 정말 아름다웠다. 공원에서 실컷 놀다 들어온 위치는 씻고 나더니 바로 잠이 들었다. 나는 위치를 깨우며 "숙제해야지."라고 했다. 하지만 위치는 "피곤해. 내일 할래!" 하며 일어나지 않았다. 나는 단호하게 "그러니까 숙제 먼저 하라고 그랬지. 다음부터는 이러지 마. 그런데 오늘 할 거는 해야지. 안 그래?" 위치는 땅을 치며 후회했다. "이럴 줄 알았으면 미리 해놓을 걸."

습관은 하루 이틀에 만들어지지 않습니다. 습관을 만들어 주기 위해서는 마음의 준비가 단단히 필요하죠. 특히 이미 공부하는 방법을 알고 있고 부모가 일일이 시키지 않아도 혼자 할 수 있는 아이가 공부를 멀리 하는 건 놀이가 더 재미있기 때문입니다. 이런 아이들은 강압적으로 시키거나 옆에서 지키고 앉아 확인하려고 하면 오히려 반발합니다. "어떻게 하면 좋을까?" 하고 의논을 하는 편이 더 효과적입니다. 부모는 감시자가 아니며 자신의 공부를 도와주는 존재임을 알려 주는 것이죠.

반대로 시켜도 하지 않고 놀기만 하는 아이는 숙제부터 제대로 할 수 있도록 지도해야 합니다. 하나를 온전히 잘 끝낼 때까지 점검해 줘야 하죠. 이때 절대로 야단쳐서는 안 됩니다. 아이의 노력을 인정해 줘야 동기 부여가 되기 때문입니다. 그렇다고 해서 지나치게 칭찬을 하는 것도 금물입니다. 시켜야만 공부하는 아이들은 보통 공부하는 방법은 잘 모르는 경우가 많습니다. 이런 아이들은 숙제 하나를 하더라도 여러 가지 방법을 알려 주는 것이 좋습니다. 그리고 조금씩 나아질 때마다 아낌없이 칭찬해야 합니다. 그러면 알려 주는 족족 흡수해 하루가 다르게 발전해 나갈 것입니다.

영어 공부, 길게 생각하기로 하다

위치의 영어 받아쓰기 문제가 아직도 해결되지 않았다. 그래도 위치는 별로 고민하지 않는 것 같다. 오늘 영어에 대해 물었더니 "이제 영어 공부 하기 싫어."라고 했다. 조바심이 난 나는 "엄마는 우리 위치가 힘들다고 포기하는 아이라고 생각하지 않는데. 지금 까지 해오던 대로만 하면 다음 학기에는 훨씬 더 잘할 거라고 생각해."라고 말했다.

때마침 오늘 숙제가 적어 보이길래 위치가 어려워하는 문법 공부를 해보려고 했다. 하지만 위치를 가르치는 일은 오늘도 결코 쉽지 않았다. 놀 시간을 할애해 공부하는 것에 딱히 반대하지는 않았지만 그렇다고 반기는 것도 아니었다. 그리고 내가 가르치는 방식이 지루했는지 "엄마, 아예 나를 재우려는 거야?"라고 했다. 결국 더 이상 수업을 이어 갈 수 없었다. 둘이 괜히 시간만 낭비한 꼴이었다. 단번에 문제를 해결하려고 하지 말고 천천히 해야겠다고 마음을 바꿔 먹었다.

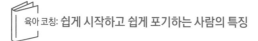

육아 코칭: 쉽게 시작하고 쉽게 포기하는 사람의 특징

엄마는 최근 정서적으로 안정된 것 같네요. 아이의 점수에 연연

하지 않으며 현재에 집착하지 않는 긴 안목도 생겼고요. 멀리 내다 보는 사람은 당장의 풍경에 현혹되지 않습니다. 물론 그만큼 결과 물이 늦어질 수도 있지만요.

어떤 것을 배우든 처음에는 쉽고 재미있지만 고비가 찾아오게 됩니다. 이런 고비가 찾아올 때마다 포기한다면 쉽게 시작하고 쉽 게 포기하는 사람으로 성장할 수 있습니다. 오늘 위치 엄마가 아이 를 잘 다독인 것처럼 고비를 잘 넘길 수 있도록 옆에서 격려해 주 세요.

DATE: 9 / 17 /

학원에 보내는 것은 정말 효과가 없을까?

최근 위치의 숙제하는 속도가 많이 빨라졌다! 덕분에 드디어 여 유 시간이 생겼다. 게다가 최근 그림 그리기에 푹 빠져 열심이다. 그림 속 동물들이 마치 살아 움직일 것만 같다. 요즘 위치가 그림 을 즐겨 그리는 걸 보면서 그동안 미술 학원에 보낼 걸 후회했다. 몇 년 동안 그림을 가르쳤을 때는 재능이 보이기는커녕 그림도 밋 밋하고 그리기 싫은 주제가 나오면 성의마저 없었다. 그래서 이사 온 뒤로는 미술 학원을 보내지 않았다. 그랬더니 오히려 혼자 붓을 들고 그리고 싶은 그림을 자유롭게 그리는 게 아닌가. 오히려 기초 실력도 더 는 것 같다. 역시 아이의 적성은 부모가 안달 나서 재촉

한다고 해서 발현되는 건 아닌가 보다.

육아 코칭: **최고를 추구하지 않아야 최후에 웃을 수 있다**

　아이의 적성과 관련해서 엄마가 큰 깨달음을 얻은 것 같네요. 뭐든지 마음에서 우러나서 즐길 수 있도록 만들어 주는 게 정답입니다. 서두를 필요가 없습니다. 90일간 위치 엄마의 일기를 읽으며 느낀 것인데 아이의 특기 적성에 지나치게 집착하지 않은 덕분에 오늘의 깨달음에 이르지 않았나 싶습니다. 서두르지 않고 당장의 결과물을 기대하지 않을 수 있었던 건 언젠가 아이가 성공할 거라는 믿음을 갖고 있기 때문일 것입니다. 최고를 추구하지 않아야 최후까지 웃을 수 있습니다.

　아이가 어디에 소질이 있는지 정확하게 알고 싶다면 다중 지능 이론에 기초한 다중 지능 검사를 해보는 것도 좋습니다. 다중 지능 이론은 미국의 심리학자 하워드 가드너가 제시한 이론으로, 인간의 지능이 서로 독립적인 '언어 지능, 논리-수학적 지능, 시각공간 지능, 신체-운동적 지능, 음악 지능, 대인 관계 지능, 자기 성찰 지능, 자연탐구 지능, 실존 지능' 등 9가지 유형의 능력으로 구성되어 있다는 것입니다. 다중 지능 검사를 통해 아이의 강점과 약점을 알면 아이의 적성을 파악하는 데 도움이 될 것입니다. 검사는 인터넷 사이트(http://www.multiiqtest.com/)를 통해 쉽게 해볼 수 있습니다.

총 56문항으로, 검사 시간은 15분 정도 걸리고 결과를 바로 확인할 수 있어 편리합니다.

아이의 성장에서 부모의 역할

이른 아침, 밥을 먹는 중에 위치가 갑자기 말했다.

"나 조금씩 뛰어넘는 방법으로 영어 성적을 올릴 거야."

"그게 무슨 말이야?"

"비록 지금은 영어 성적이 나쁘지만 노력해서 다른 애들을 한 명씩 뛰어넘을 거야. 다 이기고 나면 그땐 기분이 정말 좋을 것 같아."

이 이야기를 듣고 아이가 그동안 얼마나 고민이 많았으면 저런 말을 할까 안타까우면서도 스스로 이런 방법을 생각해 내다니 기특해서 가슴이 찡했다. 큰 목표를 쪼개서 단계적인 목표를 세우다니, 어떻게 이런 생각을 했을까. 그동안 내가 공부 때문에 안달 냈던 게 미안했다. 공부든 적성이든, 부모가 조바심을 내고 안달 내봤자 성과가 나오는 것은 아닌 것 같다. 때가 되어야 열매가 무르익듯, 아이 역시 때가 되면 크나 보다.

아이는 자기만의 속도가 있습니다. 하지만 어른들은 자신의 속도에 맞춰 아이를 몰아붙이곤 하죠. 부모는 아이를 완성시키는 사람이 아니라, 변화시키는 사람입니다. 육아는 하루 이틀 만에 끝나는 일이 아닙니다. 적어도 스무 살까지는 아이를 보살펴 줘야 하죠. 느긋하게 아이를 바라보는 연습이 필요합니다.

"아이는 때가 되어야
비로소 성장해요."

90일이라는 시간이 후딱 지나가 버렸습니다. 그간 일기 쓰던 시간을 떠올리니 처음에 호기롭게 시작했던 게 떠오릅니다. 전학으로 위치와 부딪치는 일이 많아지면서 일기를 쓰며 좋은 엄마란 도대체 어떤 엄마일지 많은 고민을 하였습니다.

모든 부모가 같은 마음이겠지만, 부모로서 아이에게 해줄 수 있는 것은 모두 해주고 싶었습니다. 그래서 아이의 적성 찾기에도 최선을 다했고, 진학을 생각해 이사를 하기도 하였죠. 그런 저의 노력과 달리 결과는 상당히 암울했습니다. 그리는 것을 좋아하는 것 같아 보낸 미술 학원에서 아이는 원치 않는 주제가 나오면 그리기를 포기했습니다. 또한 전학 간 학교에서도 영어 공부 때문에 자신감을 잃는 모습을 보이기도 했죠. 그때마다 제가 잘못하고 있는 것인지 자책도 되었지만 한편으론 뜻대로 되지 않는 아이 모습에 화가 나고 절망감을 느끼기도 했습니다. 그런 제 모습을 객관적으로 일기를 통해 들여다보게 되니, 한없이 부끄러지더군요. 90일간 기다리고, 존중하고, 소통하고, 지켜보는 법을 배웠습니다. 아이의 천성과 흥미를 존중하기 시작하자, 적성 찾기는 간단히 해결되더군요. 무엇보다 제가 아무리 아이를 위해 좋은 환경을 만들어 주고 재촉하더라도 때가 되어야 아이가 성장한다는 사실을 절실히 깨달았습니다. 그 순간을 기다리지 못해 아이를 힘들게 했다는 것을요.

그 사이 위치는 더욱 명랑하고 밝아져 저를 깜짝 놀라게 했습니다. 점점 자신감도 붙고 긍정적으로 변했으며, 문제를 해결해 보고자 노력하게 되었습니다.

사랑이란 놓아 주고, 성장할 여지를 만들어 주며, 필요할 때 길을 알려 주는 것임을 깨달았습니다. 앞으로도 이것들을 실천하기 위해 노력할 것입니다.

"좋은 엄마가
좋은 아이를 알아봐요."

'장점'과 '단점'은 서로 떼려야 뗄 수 없는 관계입니다. 철학적으로 보면 이 세상의 모든 것은 반대적 성질을 갖고 있습니다. 단점을 인정해야만 장점이 부각되는 것이죠.

부모가 자신의 아이를 객관적으로 바라보는 것은 불가능합니다. 부모가 생각하는 아이의 장점과 단점은 부모의 가치 판단을 거친 것입니다. 부모의 눈에는 산만해 보이지만, 다른 누군가의 눈에는 활발하고 적극적으로 보일 수 있는 거죠.

내 아이를 나보다 더 잘 아는 사람은 없다고 생각한 적은 없는지 한번 생각해 보세요. 아쉽게도 자기 아이에게 문제가 있다고 생각하거나 불만을 품은 부모일수록 이런 생각을 합니다.

만일 아이의 장점을 잘 발견하는 엄마가 있다면, 그 아이가 정말 뛰어나서도 있겠지만, 엄마가 나쁜 점을 보지 못하는 것일지도 모릅니다. 나쁜 점을 나쁘다고 생각하지 못하는 거죠. 그렇다면 문제

아를 둔 엄마는 어떨까요? 이 경우엔 반대로 엄마가 아이의 나쁜 점만 발견하는 것일 수도 있습니다. 엄마가 어떤 부분을 발견하느냐에 따라 아이에 대한 생각과 평가가 달라지는 것이죠. 물론 부모는 아이의 장점과 단점을 모두 받아들여야 합니다. 이 모두 아이가 가지고 있는 모습이니까요. 아이의 장점만을 인정하고 사랑하는 것은 조건적인 사랑입니다. 있는 그대로의 아이를 사랑하되, 단점이 아니라 장점을 발견해 주는 부모가 되어 준다면, 아이는 그대로 자라 줄 것입니다. 위치처럼 말이죠.

8장

하나뿐인 아이가
초등학교에 입학해요

이판 엄마의 일기

세상을 향한 아이의 첫 도전을
어떻게 응원해 줘야 할까요?

초등 입학은 아이가 사회로 나아가는 첫 번째 관문입니다. 유치원을 문제없이 보낸 아이들에게도 초등 입학은 지금까지와 차원이 다른 큰 변화죠. 이때 어떤 경험을 하느냐는 세상에 대한 첫 인상을 좌우하기도 합니다. 그만큼 아이가 잘 적응할 수 있도록 부모의 각별한 관심이 필요합니다. 이때 무엇보다 중요한 것은 적응 과정에서 겪는 혼란스러움과 어려움을 이해하고 믿음으로 아이를 지켜봐 주는 것입니다.

아이를 있는 그대로 믿어 주고 지지해 주는 일은, 부모에게 매우 당연한 일이기도 하지만 이것만큼 어려운 일도 없습니다. 부모는 무의식적으로 자식을 자신의 일부, '확장된 자아extended ego'로 생각하기 때문입니다. 그래서 아이가 실패했을 때 더 힘들어하며 지금의 실패를 근거로 아이의 미래까지 걱정합니다.

아이를 온전히 믿기 위해서는 아이와 자신을 분리시킬 수 있어야 합니다. 그래야 아이가 이리저리 방향을 찾아 헤매고 뒤처지는 순간에도 지켜봐 줄 수 있습니다. 이렇게 말하면 많은 부모가 그러다 아이가 잘못되면 어떡할 거냐고 묻습니다. 부모가 아이의 삶을 책임지려고 해서는 안 됩니다. 그러다 보니 아이에게 왜 이것밖에 못하느냐고, 더 잘할 수 있다고 채찍질하고 아이의 성과에 일희일비하게 됩니다. 이는 오히려 아이의 성장을 방해합니다.

프로젝트의 마지막 참여자 이판 엄마는 그런 점에서 대단히 모범에 가까운 사람입니다. 대단히 지혜로우며 아이에 대한 사랑을 아낌없이 표현합니다. 그러나 그런 이판 엄마도 아이가 초등학교에 입학을 하니, 초조해했습니다. 아이 교육에 다소 강압적인 태도를 보이는 남편과 싸우기도 하면서요. 아이에게 사랑을 지극 정성 쏟다 보면 저절로 잘 자랄 것이라고 믿었던 이판 엄마는 과연 어떻게 하기로 하였을까요? 많은 감탄과 생각을 하게 하는 일기입니다.

90일간의 육아일기

아이 : 이판, 초등 입학을 앞둔 남자아이
부모 : 한없이 따뜻하고 다정한 엄마

DATE: 6 / 23 /

규칙이 먼저일까? 아빠와의 시간이 우선일까?

이판이는 아빠에게 생일 선물로 작은 현미경을 받았다. 부자는 열심히 설명서를 보면서 OHP 필름, 절단기, 해부칼, 스포이트 등의 사용법을 익혔다. 시간이 늦도록 꽃가루와 사과, 양파 세포를 관찰하는 데 푹 빠졌다. 이제 자야 할 시간인데, 얼른 자라고 해야 할까? 아니면 아이의 열정과 부자 간의 소중한 시간을 지켜 줘야 할까? 애써 세운 규칙은 이렇게 또 물 건너가는 건가?

📖 육아 코칭: **규칙을 잘 지키도록 하는 방법**

규칙은 당연히 필요합니다. 하지만 규칙을 가르칠 때는 합리적인 지도법과 서두르지 않는 태도가 중요하죠. 아이에게 규칙을 가르치기 위해서는 우선 아이와 함께 규칙을 세워야 합니다. 처음에는 작은 규칙부터 시작하는 게 좋습니다. 그리고 함께 정한 규칙을 아이에게 말해 보게 해야 합니다. 같이 정한 규칙일지라도 받아들이는 바가 서로 다를 수 있기 때문입니다. 또 규칙을 세웠다고 해서 모두 지킬 거라 생각해서는 안 됩니다. 훈련을 통해 연습하면서 조정해 줘야 합니다. 예를 들어 아이는 놀이가 끝난 뒤 장난감을 스스로 치우기로 했어도, 어떻게 치워야 할지 모를 수 있습니다. 그럴 때는 아이에게 치우는 방법을 가르쳐야 합니다. 물론 가장 손쉬운 방법으로 알려 줘야 하죠. 규칙은 힘들지 않아야 오랫동안 지킬 수 있거든요. 사실 이렇게 연습을 해도 규칙을 지키는 것은 어렵습니다.

DATE: 6 / 25 /

아이가 크는 소리가 들리는 밤

아이와 함께하는 시간이 점점 줄어들어 몹시 아쉽다. 내일은 이판이의 유치원 졸업 발표회 날이다. 당사자보다 엄마인 내가 오히려 더 감개무량하다. 태어나서 6년이란 시간이 흐른 만큼 이판이는 키도 마음도 훌쩍 자랐다. 이판이는 졸업이 마냥 기쁜 듯 보였다. 나는 아직 졸업시킬 준비가 되지 않았는데 말이다. 어서 힘을 내야지, 그렇지 않으면 아들의 발걸음을 따라가지 못할 것 같다. 밤이 참 고요하다. 이판이가 크는 소리가 들리는 것만 같다. 잘 자렴, 엄마 아들. 쑥쑥 잘 크고!

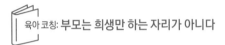

육아 코칭: 부모는 희생만 하는 자리가 아니다

아이를 키우며 부모도 자란다는 말이 있습니다. 일반적으로 부모가 아이로 인해 늘 마음 졸이고 희생한다고 생각하기 쉬운데 실제로는 서로가 서로에게 보답하고 있습니다. 한번 생각해 보세요. 누가 우리를 멋진 부모로 만들어 줬을까요?

DATE: 6 / 30 /

유일하게 성공한 체스 가르치기

이판이가 체스를 배운 지 벌써 2년이 되었다. 두세 살 무렵부터 할아버지들이 길에서 장기 두는 걸 쪼그려 앉아 보길 좋아하더니 좀 더 크니까 장기, 바둑 등 각종 장기류를 가지고 놀았다. 네 살이 되면서부터 아이가 좀 산만해지는 것 같은 데다 적성도 살려 줄 겸 체스를 가르치기로 했다. 아직 그 효과는 잘 모르겠지만, 아이가 재미있어하니 다행이다. 요 몇 년 간 아이에게 승마와 수영, 피아노 등 그동안 자유롭게 즐기던 것들을 체계적으로 가르쳐 보려 했지만 거부감이 심했다. 결국 백기를 들고 말았는데 나중에 억지로라도 안 가르쳤다고 화내는 건 아닐지 모르겠다.

육아 코칭: 놀이가 일이 되면 거부감을 느낀다

놀이가 일(의무)이 되면 아이는 거부감을 느낍니다. 아이에게서 선택의 자유를 빼앗고 억지로 굴복시키면 설령 그것이 아이에게 큰 이득이 되는 일일지라도 절대 오래갈 수 없습니다. 아이가 자라날수록 부모는 하는 것보다 하지 않는 것을 더 어려워합니다. 이는 보이지 않는 미래에 대한 공포감이나 불안감과 싸워야 하기 때문이죠.

DATE: 7/1/

아이의 장점은 무화과꽃과 같다

오늘은 사야 할 물건이 있어서 이판이를 일찌감치 깨웠다. 이판이 말에 의하면 시간마다 냄새가 다르다고 한다. 6시에는 달의 냄새가 나고, 6시 반에는 하늘소의 냄새가 나며, 7시에는 여러 가지 아침밥의 냄새가 나기 시작한다고 한다. 마음이 맑아서 아이들은 코도 민감하고 눈도 밝은 건지 모르겠다.

깨어난 이판이는 정원에 초특급 울트라 무화과가 달려 있는 걸 발견했다. 익은 것 같아 따보니 과육도 부드러웠다. 이판이는 "음, 익었다! 지금 외할아버지한테 갖다 드리자. 올해 무화과를 아직 못 드셨잖아!"라고 했다. 어려서부터 베푸는 걸 좋아했던 이판이는 좋은 게 있으면 꼭 다른 사람과 나누어 먹는다.

무화과는 꽃이 없는 것 같지만 실은 있다. 있는 정도가 아니라 아주 많지만 사람들이 눈으로 보지 못할 뿐이다. 이와 마찬가지로 아이들에게도 어른들의 눈에는 잘 보이지 않는 장점이 많을지도 모르겠다는 생각이 들었다. 앞으로 90일간의 노력을 통해 모든 걸 꿰뚫어 보는 능력을 갖고 싶다.

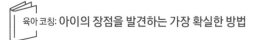

육아 코칭: 아이의 장점을 발견하는 가장 확실한 방법

아이의 장점이나 재능을 발견하는 가장 효과적이고 확실한 방법은 '아이를 세심하게 관찰하는 것'입니다. 평소 아이와 대화를 많이 하며 아이가 무엇을 좋아하고 어떤 놀이를 잘하는지 꼼꼼히 살펴 주세요. 아주 작은 신호라도 놓치지 않고 발견할 수 있도록, 늘 아이 곁에서 귀 기울여 주고 눈을 맞춰 줘야 합니다. 단기간에 재능이 보이지 않는다고 해서 피아노를 시켰다가, 미술을 시켰다가 시도와 포기를 반복하다 보면 오히려 아이가 가지고 있던 재능마저 묻힐 수 있습니다. 느긋하게 지켜봐 주세요.

DATE: 7 / 4 /

아빠와 뭐 하고 노는 걸까?

오늘 이판이는 하루 종일 아빠와 시간을 보냈다. 사실 남편과 아이 둘만 함께할 때면 자꾸 못미더운 생각이 들어 일일이 전화로 확인하게 된다. 남편은 이판이를 데리고 다니며 잠자리와 매미를 잡아 주었단다. 남편 가방에는 항상 티슈, 물티슈, 물병, 반창고, 알로에 연고, 벌레 기피제 등이 들어 있다. 이것들을 보면서 '좋은 아빠는 이렇게 만들어지는구나.' 하는 생각이 들었다.

방에 들어가니 아들은 곤히 잠들어 있었다. 피부가 타서 시커멓다. 이 장난꾸러기 녀석을 깨워서 도대체 아빠랑 뭘 했냐고 묻고 싶은 마음이 굴뚝같다. 됐다, 됐어. 자는 녀석은 내버려 두고 '큰아들'한테 물어봐야지.

육아 코칭: 엄마는 절대 줄 수 없는 아빠 자극

사람들은 흔히 아이의 언어 능력은 엄마의 영향을 많이 받을 것이라고 생각합니다. 하지만 사실은 아빠의 영향을 더 많이 받는 것으로 드러났습니다. 미국 노스캐롤라이나 대학 연구팀에 의하면 다양한 언어를 사용하는 아빠를 둔 아이의 언어 능력이 그렇지 않은 아이의 언어 능력보다 훨씬 발달했다고 합니다. 반면에 엄마는 큰 영향을 미치지 못했죠. 아빠의 적극적인 육아 참여는 뇌 발달을 비롯해 아이의 주요 성장 능력들을 좌우합니다. 이런 연구 결과들만 염두에 두어도 더 이상 아이와 아빠, 단 둘만의 시간이 걱정되지 않을 것입니다. 아빠만이 줄 수 있는 새로운 관점과 놀이 자극이 아이의 성장에 핵심적인 역할을 한다는 것을 기억하세요.

DATE: 7 / 5 /

초등 입학 준비를 위해 처음으로 심부름을 시키다

이판이에게 "엄마가 아이스크림을 먹고 싶은데 사다 줄래?"라고 했다. 이판이는 혼자 슈퍼에 가서 물건을 산 적이 한 번도 없다. 그런데 예상 외로 흔쾌히 대답을 하더니 돈을 받아 잽싸게 나갔다. 남편은 "갈 수 있겠어? 정말 혼자 갈 거야?" 하고 계속 묻더니 창문에 딱 붙어서 뛰어가는 이판이를 지켜보았다. 하도 빨리 뛰어서 신발한 짝이 날아갔다고 한다. 얼마 지나지 않아 이판이는 당당히 돌아왔다. 내가 좋아하는 멜론 맛 아이스크림이 없어서 다른 맛을 골랐다며 거스름돈도 정확히 받아 왔다.

이런 심부름을 보낸 건 곧 이판이의 초등학교 예비 소집일이기

때문이다. 나는 이판이에게 무슨 일이든 마음만 먹으면 못할 것이
없다며 격려했다.

육아 코칭: 스트레스를 이겨 내는 힘은 자신감에서 나온다

익숙한 환경에서 벗어나 새로운 환경에 놓이는 아이에게 가장
필요한 건 무엇일까요? 올바른 생활 습관? 선행 학습? 사회성? 물
론 이것들도 중요하고 필요하지만 가장 기본적인 것은 바로 스스
로를 믿는 힘, 즉 자신감입니다. 낯선 장소, 낯선 친구들, 낯선 선생
님, 아이들은 바짝 긴장하고 스트레스를 받습니다. 그중 정도가 심
한 아이는 복통이나 짜증, 불면증 등 신체적, 정신적 고통을 호소
하기도 합니다. 만약 아이가 "싫어!"와 같은 부정적인 말을 자주
한다면, 스트레스를 받고 있다는 뜻입니다. 그럴 때는 "무슨 말만
하면 싫대지?" 하고 꾸짖기보다 아이에게 어떤 힘든 점이 있는지
마음을 살펴 줘야 합니다. 물론 부모가 충분히 마음을 보듬어 주면
시간이 지날수록 개선되겠지만, 자신감을 갖고 있는 아이라면 조
금은 가볍게 힘든 시기를 이겨 낼 수 있을 것입니다.

그렇다면 자신감은 어떻게 키울 수 있을까요? 이판이의 엄마처
럼 작은 도전들을 반복해 성취감을 느끼게 해주는 것은 대단히 좋
은 방법입니다. 이렇게 쌓인 성취감은 아이 내면에 자리 잡아 탄탄
한 자신감의 근원이 되죠.

엄마도 같이 속상해할까?

오늘은 남편과 함께 이판이를 데리러 갔다. 체스 수업을 마치고 나온 이판이는 우리를 보자마자 활짝 웃었지만 곧이어 조금 실망한 듯이 말했다. "엄마 미안해. 두 판 다 졌어." 내가 "괜찮아. 그새 실력이 많이 늘었잖아!" 하고 대답하자 이판이는 내가 말을 잘못 알아들었다고 생각했는지 "졌다고! 두 판 다 졌어!"라고 했다. 나는 다시 "이기고 지는 걸 의식하는 것 자체가 실력이 늘었다는 뜻이야!"라고 대꾸했다. 내 말을 이해했는지 모르겠지만 이판이는 더 이상 묻지 않았다.

내 어설픈 격려에 이판이 힘이 더 빠진 것 같아서 "체스에서 지면 속상해?"라고 물었다. 그러자 이판이는 고개를 끄덕였다. "그럼 엄마도 이판이랑 같이 속상해할까?"라는 내 말에 내 어깨를 가볍게 두드리며 "엄마, 그러지 마. 오늘 그 친구가 생각을 못하게 방해해서 그랬어. 그래도 노력했는데 시간이 다 돼서 진 거야."라고 말했다. 이판이는 오늘 체스에서 진 이야기를 계속 이어 갔다. 오늘 보니까 아이들이 속마음을 털어놓는 건 얼마나 진심을 다해 들어 주는가에 달린 것 같다. 이런 걸 보면 어른보다 애들이 더 민감하다.

연구에 의하면 어른들은 주로 대뇌피질을 통해 이성적인 사유를 하지만 아이들은 뇌 전체로 생각한다고 합니다. 그래서 어른보다 아이들이 더 민감한 거죠.

DATE: 7 / 10 /

이런 게 바로 1등 효과일까?

이른 새벽 부모님을 마중하러 공항에 간 나를 대신해서 남편이 이판이를 유치원에 데려다주기로 했다. 그런데 남편의 착오로 이판이가 유치원에 가장 먼저, 그것도 너무 일찍 가게 되었는데 그게 기분이 아주 좋았나 보다. 오후에 마중을 가니 이판이가 내 손을 잡으며 자랑스럽게 말했다. "엄마, 오늘 내가 유치원에 1등으로 도착했어! 실컷 놀다 책 보니까 친구들이 오기 시작하더라." 아이가 이렇게 1등에 연연할 줄은 전혀 몰랐다. "1등 하니까 기분 좋아?" 하고 물으니 이판이가 연신 고개를 끄덕이며 말했다. "응! 1등을 하니까 자신감이 생겼어!" 이렇게 기쁜 데다 자신감까지 붙는다니 1등의 효과가 이리 클 줄이야. 이판이는 내일 또 1등으로 유치원에 도착하기 위해 일찌감치 잠자리에 들었다.

아이에게 자신의 속마음을 들여다볼 기회를 자주 주면, 아이는 스스로 책임지는 법과 행복해지는 법을 깨닫게 됩니다. 어떤 상황에서도 남의 평가나 시선에 신경 쓰기보다 자신의 속마음에 먼저 관심을 갖게 되기 때문입니다. 인생을 즐겁고 행복하게 사는 데 꼭 필요한 부분입니다.

DATE: 7 / 23 /

말 잘 듣는 아이로 키우고 싶지 않다

오늘처럼 번개 치고 비오는 날에는 집에 있는 것보다 더 좋은 선택은 없다. 이판이는 시계가 8시를 가리킬 때까지 동화책을 끌어안고 읽느라 여념이 없다. "이판아, 양치질하고 세수해!" 아빠가 잔소리를 하니 "엄마, 나 마지막 이야기까지 읽어도 돼? 다 보고 세수할게."라고 도움을 요청했다. 늦장 부리는 아들과 화가 난 아빠는 각자 자기 의견만을 내세웠다. 결국 내가 나서야만 했다. "책이 얼마나 남았는데? 양치질하고 세수만 하면 나머지는 자유 시간이잖아!" 사실 나는 이판이가 말 잘 듣는 아이보다는 자기주장을 잘하는 아이가 되기를 바란다. 부모로서 아이한테 이래라저래라 할 때가 많지만 아이 스스로 선택하고 행동하는 것이 중요한 것 같다.

말을 잘 듣는다는 건 아이가 자신의 욕구를 억압한다는 뜻입니다. 반대로 자기주장이 강하다는 것은 아이가 부모의 요구를 저버리는 것이죠. 두 경우는 언뜻 보면 정반대의 행동인 듯하지만, 부모가 너무 심하게 잔소리하며 구속하지만 않는다면 아이에게서 두 모습을 동시에 볼 수 있습니다.

DATE: 7 / 25 /

아이에게도 아낌없이 사랑을 주면 걸작이 되지 않을까?

얼마 전 친구가 보내 준 옷 상자를 열어 보니 그 속에 공룡 만화책이 함께 들어 있었다. 주말에 이걸로 시간을 보내면 딱 좋을 것 같아 따로 챙겨 뒀다. 그런데 이판이는 두 페이지 정도 넘겨 보더니 바로 맘에 들지 않는다고 했다. 흑백에다가 글씨가 전혀 없는 만화라서 생소하게 느껴진 모양이다.

"그럼 엄마랑 같이 볼까?" 이판이는 내 어깨에 기대어 "엄마가 읽어 줘!"라고 했다.

그림만으로 공룡 이야기를 재미있게 표현한 작가가 존경스러웠다. 한 살 된 아기 공룡은 우리 이판이처럼 먹으면 바로 잠을 잤다. 박치기로 과일을 깨먹거나 쪼그려 앉은 모습이 참 귀여웠다. 만화를 보며 이판이도 어느새 즐거워했다. 역시 열심히 노력해 만든 작품은 반드시 성공하고 인정받는 것 같다. 이와 마찬가지로 아이도 아낌없이 사랑해 주면 걸작이 되지 않을까? 초등 입학을 앞두다 보니 부모 역할에 대한 고민이 많아진다.

육아 코칭: 진정한 사랑의 의미

100명의 엄마가 있다면 100가지 사랑 방식이 있습니다. 가르치기, 구속하기, 함께하기, 이끌기, 칭찬하기, 엄격하기, 물질적으로 좋은 조건 만들어 주기, 완벽한 스케줄 세우기 등등. 모두가 사랑이란 이름으로 이뤄지는 일들이죠. 사랑이란 뭘까요? 진정한 사랑은 아무런 전제 조건이 필요 없는 것입니다. 말을 잘 듣거나 100점을 맞으면 사랑하고, 그렇지 않으면 사랑하지 않는 것은 조건적인 사랑입니다. 무조건적인 사랑을 하려면 먼저 부모가 정서적으로 안정돼야 합니다. 그리고 아이를 존중해야 하죠. 그렇지 않으면 초조함과 분노 때문에 늘 아이를 재촉하게 되고, 부족한 점만 눈에 들어와 자신의 생각을 아이에게 강요하게 됩니다.

안전에 너무 둔한 남편 ✏️

이른 아침부터 이판이와 산책 겸 아침거리를 사러 나갔다. 수다를 떨며 저녁에 아빠와 함께 공원에 나가서 뭐하고 노는지 물었다. 알고 보니 내가 싫어하는 싸움 놀이를 하는 모양이다. 공원에서 주변 사물을 이용해 싸움 놀이를 한다고 했다. 때때로 위험천만한 행동도 하는 것 같았다. 남편은 아이의 안전에 대해 허용 범위가 너무 넓다.

📖 육아 코칭: 아이의 기질에 따라 맞는 놀이가 있다

아이의 기질에 맞는 놀잇감이 따로 있습니다. 활동적인 아이라면 몸을 움직여 놀 수 있는 놀잇감을 선택해 줘야 하죠. 아이가 안전하고 얌전하게 놀길 바라는 마음에 기질에 맞지 않는 퍼즐이나 인형 같은 놀잇감을 준다면 아이의 흥미를 끌기 어렵습니다. 샌드백이나 두드리며 놀 수 있는 악기, 고무공처럼 몸을 움직이며 놀 수 있는 놀잇감을 선택해 주되 싸움 놀이나 총, 칼 등을 이용해 사람을 공격하는 놀이는 아이의 공격성을 키울 수 있으므로 주의해야 합니다.

형이 되다

오늘은 이판이를 데리고 친구네 집에 놀러 갔다. 친구는 네 살 된 아이를 키우고 있어, 이판이가 오늘 하루 형 노릇을 톡톡히 했다. 평소 이판이는 외동이라 늘 사랑을 독차지하고 누군가를 보살 필 필요가 없었는데, 동생을 종일 데리고 다니려니 꽤나 힘들었나 보다. 동생은 이판이가 물을 마시든 책을 보든 상관하지 않고 계속 꽁무니를 따라다니며 형을 불렀다. 동생을 위해서 이판이는 천천 히 걸었고 목소리도 낮췄다. 그리고 몸을 숙여 동생과 같이 놀이도 했다. 늘 보살핌만 받던 이판이가 동생을 돌보면서 기쁨을 느끼는 것 같았다. 이런 경험이 아이에게 책임감을 길러 줄 것 같다.

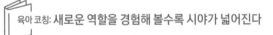

육아 코칭: 새로운 역할을 경험해 볼수록 시야가 넓어진다

새로운 역할을 맡으면 그만큼 경험도 늘어나고, 세상을 보는 아 이의 눈도 트이게 됩니다. 특히 외동아이는 부모가 매니저처럼 따 라다니며 챙기는 경우가 종종 있습니다. 아이가 자신의 일을 스스 로 할 수 있도록 믿고 맡겨 주세요. 부모가 나설수록 아이는 스스 로 생각하는 것을 어려워하고 부모에게 기대게 됩니다.

입학 준비를 하며 설레는 마음 ✎

신기하게도 새로운 학용품은 사람을 설레게 만드는 힘이 있는 것 같다. 입학 준비를 위해 이판이와 연필을 깎고 예쁜 네임 스티커를 붙이면서 내 가슴이 더 두근거렸다. 그래서 나도 모르게 "엄마한테 연필 두 자루만 주면 안 돼?"라고 물었다. 이판이는 아까워하면서도 이것저것 고르더니 꽤 많이 나눠 주었다. 정말 가질 생각은 없었지만 아이 마음이 너무 예뻐서 뽀뽀를 퍼부었다.

📖 육아 코칭: 학교생활의 즐거움을 유지하는 비결

입학을 앞둔 아이들은 새 학용품을 준비하며 두렵기도 하지만 설레는 마음을 키워 나갑니다. 입학 후에도 낯선 학교생활을 잘 이겨 내고 친구들과 즐겁게 생활하죠. 그런데 시간이 지날수록 학교에 가기 싫어하는 아이들이 생깁니다. 새로운 것에 대한 호기심이야말로 아이들의 천성인데 왜 배움을 싫어하고 거부하게 되는 걸까요?

첫 번째 원인은 부모의 조급한 태도에서 찾을 수 있습니다. 아이의 자율성과 공부 리듬을 무시하고 강요하는 태도가 배움에 대한 흥미를 앗아가는 거죠. 또 다른 이유로 잘못된 교육 방식을 들 수 있습니다. 주입식 교육, 성과 중심 분위기, 독립적인 사고 기회의 부재 같은 것들이죠. 오늘날 아이들은 배움의 즐거움을 만끽하기도 전에 지식을 무작정 집어넣는 교육과 마주합니다. 교육은 장기적인 안목으로 이루어져야 합니다. 특히 초등 교육은 공부 능력의 기초를 쌓는 시기입니다. 몇 개 더 틀리고 맞느냐는 중요하지 않습니다. 초등 저학년 때는 기초가 없어도 부모가 나서면 얼마든지 좋은 성적을 받을 수 있지만, 고학년만 되어도 아이가 가진 진짜 실력이 드러납니다. 입학한 아이들에게는 공부의 즐거움을 일깨워주고 기초를 다진다는 생각으로 천천히 접근하는 지혜가 필요합니다. 그래야 학교생활의 즐거움이 오래 유지됩니다.

DATE: 9 / 1 /

이렇게 적응을 잘하다니!

우리의 걱정과 달리 이판이는 학교에 금방 적응해 벌써 친구도 사귀었다. 이렇게 빨리 적응할 줄은 상상도 못했다. 얌전히 수업은 잘 들을지, 말썽은 안 피울지 걱정했는데, 아무 일도 일어나지 않아 왠지 잔뜩 긴장하고 있던 게 허무하게 느껴질 정도다. 게다가 요 며칠 잔소리하지 않아도 먼저 잠에 들고 밥도 꾸물대지 않고 먹는다. 하루 종일 학교에서 수업을 듣고도 체스 수업도 열심이다. 심지어 내일은 오전 수업밖에 없다고 하자 시무룩해졌다. 도대체 무엇이 그리 마음에 든 걸까? 기특하면서도 신기하다.

육아 코칭: 아이의 학교 적응을 방해하는 부모의 말

　걱정과 달리 아이들은 학교생활에 적응을 잘합니다. 다만 이런 말들은 하지 않도록 주의해야 합니다. "친구가 괴롭히거나 못살게 굴며 꼭 엄마에게 말해야 해!" "초등학교는 유치원과 달라. 선생님 말씀 잘 들어야 해!"와 같은 말들은 아이에게 선입견을 심어 줍니다. 이 말을 들은 아이는 '아, 괴롭히는 친구가 있나 보다, 어쩌지?' '유치원과 다르다고? 내가 잘 다닐 수 있을까?'와 같은 생각에 휩싸입니다. 또한 "이것도 못해서 어째, 너만 다시 유치원에 가야겠다."와 같은 말도 아이에게 불안감을 안겨 줍니다. 말 한마디로 아이의 학교생활을 좌우할 수 있다는 것을 기억하세요.

DATE: 9 / 5 /

입학한 지도 어느새 일주일　　　　　　　　　　　

　입학한 지도 벌써 일주일이 지났다. 아직까지는 낮에 마음껏 놀 수 없다는 것과 매일 글자와 숫자를 들여다봐야 한다는 사실에 적응하지 못한 것 같다. 하지만 그럼에도 학교 다니는 걸 좋아하고 자신이 1학년이란 사실을 마음에 들어 한다. 오늘도 이판이는 날 붙들고 시간표를 보여 주며 한참 수다를 늘어놓았다. 수학 시간이 제일 재미있으며, 담임 선생님은 예쁘고, 체육 시간에 줄 서는 법을 배웠다고 했다. 내일은 어떤 수업이 있다고 말하다가 그제야 주말이라는 사실을 떠올렸다. 이판이는 잠시 멍하다 "와! 내일은 엄마, 아빠랑 나가서 놀 수 있다!" 하고 좋아했다. 아이들은 이처럼 단순하고 너무나도 작은 것에도 즐거워한다. 이판이가 즐거워하니 나도 즐겁다!

육아 코칭: 적응 과정이 힘든 이유

익숙하다는 건 행동에 고정적인 패턴이 생겼다는 뜻이고, 익숙하지 않다는 건 새로운 패턴을 만드는 중이라는 의미입니다. 적응이 힘든 것은 그 과정에서 불쾌한 체험을 하게 되기 때문이죠.

DATE: 9 / 9 /

아이보다 아빠가 더 긴장한 학교생활

어젯밤에 학교 숙제를 검사하던 남편이 5가 예쁘게 써지지 않았다며 다시 쓰라고 했다. 하지만 이판이는 안 쓰겠다고 버텼고 두 사람은 대치 상태에 들어갔다. 오늘 아침에 일어나자마자 남편은 아이 공책에서 삐뚤삐뚤 적힌 5를 지우고 이판이에게 가져갔다. 다시 쓰게 하려는 것 같아 말렸다.

아들을 학교에 보낸 후 남편에게 진지하게 이야기했다. "애가 쓴 걸 멋대로 지우면 안 되지. 이렇게 애를 부정하면 학습에 대한 의욕과 자존심이 꺾인다고. 써놓은 걸 지우지 말고 한 줄 더 쓰게 해서 비교하면 되잖아. 노력하면 나아진다는 걸 깨닫게 하는 거지."

아이가 학교에 입학하고 난 뒤 며칠 동안 위와 비슷한 일들이 자주 생겼다. 하교하자마자 숙제를 해야 한다거나 학원을 보내야 한다는 둥 예민한 모습을 보였다. 학부모가 되니 당사자보다 아빠가 더 긴장한 모양이다. 나 역시 불안하긴 마찬가지이지만 이럴수록 우리 모두 몸에 힘을 빼고 긴장을 푸는 게 우선인 것 같다.

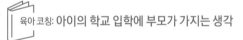
육아 코칭: 아이의 학교 입학에 부모가 가지는 생각

아이가 학교에 입학하면 아이보다 부모가 더 긴장하는 경우가 많습니다. 왜 그럴까요? 본격적으로 교육 체제에 들어서는 시기이자 처음으로 아이의 능력을 객관적으로 평가받게 되기 때문입니다. 그래서 긴장하고 걱정도 되는 것이죠. 체제나 시스템은 경직될지언정 학부모는 유연성을 유지해야 합니다. 아이를 키우는 부모이니까요.

"나다운 인생,
나다운 육아."

경험해 본 사람이라면 90일 만에 기적을 일으킬 수 있다는 사실을 믿겠지만, 그렇지 않은 사람이라면 믿기 힘들 것입니다. 저 역시 마찬가지였습니다. 사실 90일 동안 일기를 꾸준히 쓰는 것만으로도 대단히 벅찬 일이었습니다. 그런데 막상 끝나고 나니 왠지 아쉬운 기분입니다. 모든 엄마들이 그러하듯 언제나 해야 하는 일에 쫓겨 하루를 정리해 보는 시간을 가지기 어려웠습니다. 그런데 일기를 쓰면서 오랜만에 저만의 시간을 가질 수 있었습니다. 저의 내면을 들여다보고 아이에 대해 생각해 볼 수 있었죠.

나로 인해 생명을 얻은 존재, 내 자신보다도 더 사랑한다고 수천 번 말한 아이지만, 막상 일기를 쓰다 보니 아까운 시간들을 너무 놓친 것만 같아 미안해집니다. 그리고 저의 생각이 조금만 달라져도 아이가 새롭게 보인다는 사실을 깨닫고 놀라기도 했습니다.

덕분에 저는 엄마라는 존재의 진정한 의미를 깨달았고, 인생에서 중요한 시기를 보내고 있는 아들에게 긍정적인 지원을 해줄 수 있었습니다.

이제 저는 더 이상 다른 사람의 인정이나 칭찬을 바라지 않습니다. 다른 사람의 시선을 의식하기보다 나답게 아이를 키우는 것, 아이를 온전히 믿어 주는 것이 세상에 첫 발을 내딛은 아이를 진짜 위하는 일임을 깨달았습니다. 언젠가 아들의 손을 놓아야 하겠지만, 행복한 미래가 펼쳐지리라 믿습니다.

"아이에 대한 믿음은
부모의 건강한 마음에서 나와요."

"애 키우기 정말 힘들다!" 자녀를 키우는 부모들이 자주 하는 생각이자, 저를 찾아오는 부모가 가장 많이 하는 말입니다. 이번 프로젝트에서 만난 이판 엄마는 달랐습니다. 그녀는 애 키우는 게 힘들지 않았을까요? 물론 그녀도 그런 순간들이 있었을 것입니다. 그러나 그때마다 힘들다고 처지지 않고 이를 극복하여 즐거움으로 바꾸어 놓았습니다. 그런 엄마의 사랑을 받으며 이판이는 똑똑하며 감수성 가득한 아이로 자라고 있었습니다. 아이를 잘 키우는데는 특별한 방법이 있는 게 아니라 부모의 건강한 마음과 생각이 중요하다는 것을 이 가정이 여실히 증명해 줍니다.

그리고 여기에는 아빠의 노력도 필요합니다. 적극적이고 긍정적인 엄마 뒤에는 한결같고 이해심 많으며 가정 일에 적극적인 남편이 있어야 하는 것이죠. 아빠가 아이를 사랑하는 최고의 방법은 바로 엄마를 사랑하고 돕는 것이라고도 할 수 있습니다.

인생은 흘러가는 물과 같고 가정은 물 위를 떠다니는 배와 같습니다. 부모는 선장이고 아이는 승객이죠. 부모는 배 외의 것은 컨트롤할 수 없지만 선내의 환경은 좋게 만들 수 있습니다. 승무원들이 서로 협력해야만 승객을 안전하게 모실 수 있듯 부모가 힘을 합쳐야 아이가 편안함을 느끼며 건강하게 성장할 수 있습니다.

이판 엄마의 일기를 읽으면서 스스로를 돌아보는 계기를 가질 수 있을 거라고 생각합니다. 피곤할 때 아이가 떼를 쓰거나 말썽을 피우면 어떻게 했나요? 그리고 지금은 어떻게 생각하나요?

아이를 잘 키우기 위해서는 공부도 해야 하지만 반성도 때때로 필요합니다. 이는 자책과 후회와는 다르다는 점을 꼭 명심하세요.

옮긴이 김영화

용인대학교 중국학과를 졸업했으며, 산둥 대학교에서 교환학생으로 수학했다. 출판사에서 중국 전문 편집자로 일했으며, 현재는 프리랜서 번역가로 활동하고 있다. 중화권 및 일본어권의 좋은 책을 소개하는 데 힘쓰고 있다. 옮긴 책으로는 『권력 전쟁』, 『남자의 도』, 『유유자적 100년』, 『식탁 정치』 등이 있다.

육아일기 90일의 기적

초판 1쇄 인쇄 2019년 9월 10일
초판 1쇄 발행 2019년 9월 20일

지은이 리커푸 **옮긴이** 김영화 **펴낸이** 김종길 **펴낸 곳** 글담출판사

기획편집 이은지·이경숙·김진희·김보라
마케팅 박용철·김상윤 **디자인** 손지원 **홍보** 윤수연·김민지 **관리** 박인영

출판등록 1998년 12월 30일 제2013-000314호
주소 (04029) 서울시 마포구 월드컵로 8길 41
전화 (02) 998-7030 **팩스** (02) 998-7924
페이스북 www.facebook.com/geuldam4u **인스타그램** geuldam
블로그 http://blog.naver.com/geuldam4u

ISBN 979-11-86650-80-6 (13590)
* 책값은 뒤표지에 있습니다.
* 잘못된 책은 구입하신 곳에서 바꾸어 드립니다.

* 이 도서의 국립중앙도서관 출판시도서목록(CIP)은 e-CIP 홈페이지(http://www.nl.go.kr/ecip) 와 국가자료공동목록시스템(http://www.nl.go.kr/kolisnet)에서 이용하실 수 있습니다. (CIP 제어번호 : 2019033236)

만든 사람들 ————
책임편집 이경숙 **디자인** 정현주·손지원 **교정·교열** 탁산화

글담출판에서는 참신한 발상, 따뜻한 시선을 가진 원고를 기다리고 있습니다.
원고는 글담출판 블로그와 이메일을 이용해 보내주세요. 여러분의 소중한 경험과 지식을 나누세요.
블로그 http://blog.naver.com/geuldam4u 이메일 geuldam4u@naver.com